项目资助:中国地质调查局地质矿产调查评价专项项目"桂东—粤西成矿带云开—抱板地区地质矿产调查"(DD20160035)

中南地区成矿带科普系列丛书

钦杭成矿带（西段）

徐德明　王磊　周岱　胡军　编著

中国地质大学出版社
ZHONGGUO DIZHI DAXUE CHUBANSHE

图书在版编目(CIP)数据

钦杭成矿带(西段)／徐德明等编著．—武汉:中国地质大学出版社,2018.12
(中南地区成矿带科普系列丛书)
ISBN 978-7-5625-4470-8

Ⅰ.①钦… Ⅱ.①徐… Ⅲ.①成矿带-成矿地质-研究-中南地区 Ⅳ.①P617.26

中国版本图书馆 CIP 数据核字(2018)第 298219 号

钦杭成矿带(西段)　　　　　　　　　　　徐德明　等编著

| 责任编辑:王凤林 | 选题策划:王凤林 | 责任校对:张咏梅 |

出版发行:中国地质大学出版社(武汉市洪山区鲁磨路 388 号)　　邮编:430074
电话:(027)67883511　　　传真:(027)67883580　　E-mail:cbb@cug.edu.cn
经销:全国新华书店　　　　　　　　　　　　　　　　　http://cugp.cug.edu.cn

开本:880 毫米×1230 毫米　1/32	字数:89 千字	印张:3.125
版次:2018 年 12 月第 1 版	印次:2018 年 12 月第 1 次印刷
印刷:湖北睿智印务有限公司	印数:1—500 册

ISBN 978-7-5625-4470-8　　　　　　　　　　　　　　　　　定价:36.00 元

如有印装质量问题请与印刷厂联系调换

什么是成矿带

Shenme Shi
Chengkuangdai

成矿带的内涵

地壳中的矿产在时间上和空间上的分布都是不均匀的，有些地区稀少，有些地区密集。成矿带指的是地壳中矿床集中产出的地带，它们在地质构造、地质发展历史和成矿作用上具有共性。我们一般将呈狭长带状的矿区称为成矿带，长宽接近、呈面状的矿区称为成矿区。成矿带的面积大小不等，像洲际间的成矿带，面积一般为数百万平方千米。

成矿带一般有什么特征

成矿带的形成是区域地质构造运动演化的结果，受大地构造背景、岩石建造类型和区域地球化学特征等综合因素控制。因为这些特定的地质条件和一些其他因素，一个成矿带形成后，常以某几种矿产或某些类型矿床为主。例如，中国南岭成矿带中，钨、锡、锂、铍、稀土金属矿床比较集中，而长江中下游成矿带中铜、铁、硫等矿床密集，并且，在一个成矿区域内，矿床形成时代也有一定的规律。例如，在全球的矿产中，有2/3的铁矿、3/4的金矿均产于前寒武纪，煤矿主要产于石炭纪—奥陶纪和侏罗纪，石油及盐主要产于中、新生代。研究成矿带的规律和特征，能够给找矿勘查提供参考依据。

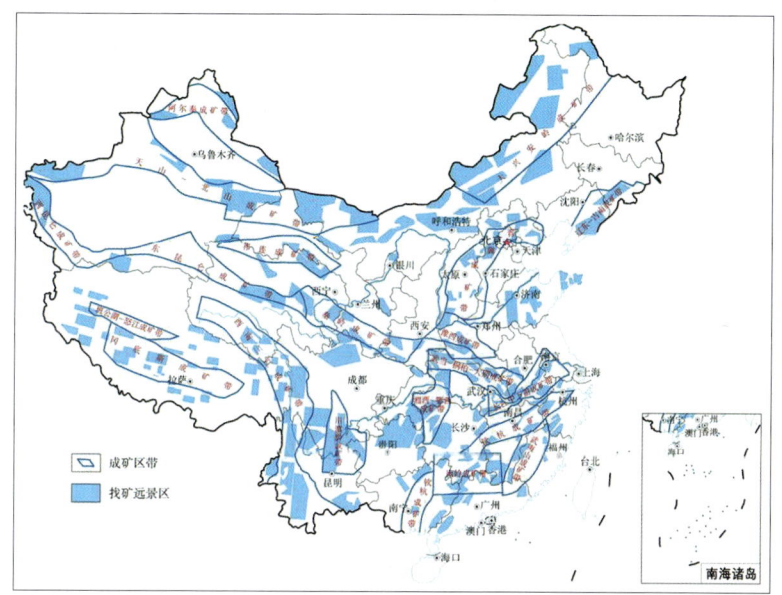

▲ 全国重点成矿区带及找矿远景区分布示意图(2013年国土资源部中国矿产资源报告)

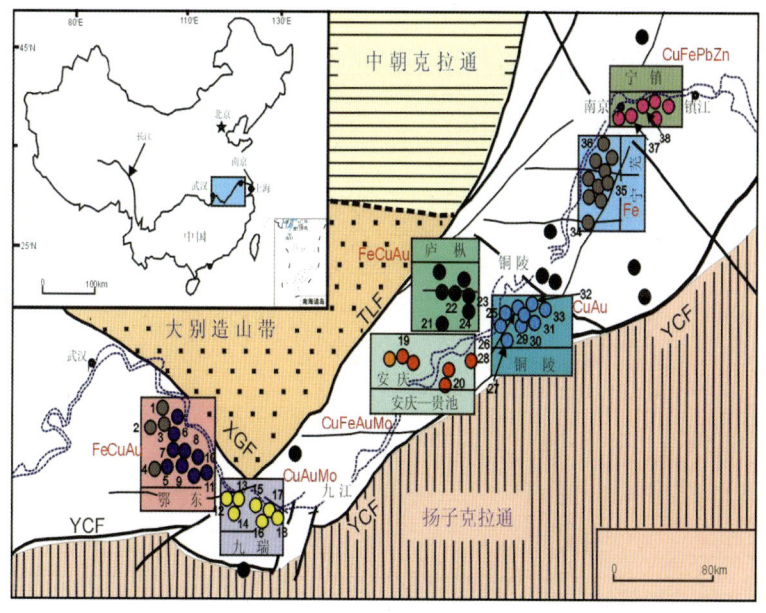

▲ 长江中下游多金属成矿带矿集区分布示意图(据 Pan & Dong, 1999)

成矿区域如何划分

成矿区域的范围大小不一,往往可以划分出不同的级别。目前,人们一般按空间规模,把成矿区域划分为全球性成矿区域、成矿区(带)、矿带和矿田4个级别。我国在描述全国的成矿区时,一般将成矿区域分为3个级别:域、省、区(带),即成矿域[与Ⅰ级区(带)对应]、成矿省[与Ⅱ级区(带)对应]、成矿区[与Ⅲ级区(带)对应],称为三分法。而在描述省(市、自治区)成矿区时,又在全国划定的Ⅲ级区(带)范围内再细分Ⅵ级、Ⅴ级两级,即成矿域、成矿省、成矿区(带)、成矿亚区(带,与Ⅵ级对应)、矿田(与Ⅴ级对应),称为五分法。

全球性成矿域属洲际性的成矿单元,它们包括巨大的板块边界、巨型褶皱带或造山带和贯通性深大断裂,面积一般达数百万平方千米。全球范围内划分出4个重要的成矿域,

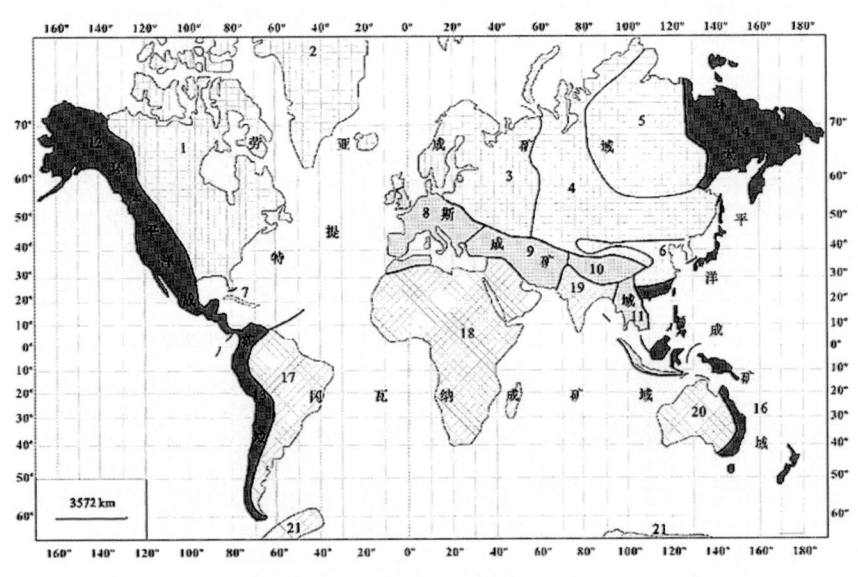

▲ 全球性成矿域划分

分别为劳亚成矿域、冈瓦纳成矿域、环太平洋成矿域和特提斯成矿域。

其中,劳亚成矿域展布于地球北部,横跨北美洲、欧洲和亚洲三大洲,是世界最大的成矿域。

冈瓦纳成矿域展布于地球南部,横跨南美洲、非洲、大洋洲和亚洲四大洲,是世界第二大成矿域。

特提斯成矿域横亘于地球中部,包括地中海沿岸及亚洲西南部和南部,地跨北美洲、欧洲、非洲、亚洲四大洲,连接劳亚、冈瓦纳两大成矿域,构成地球的"腰带",是世界最小的成矿域。该成矿域从西班牙、意大利起,经巴尔干半岛、小亚细亚半岛进入南高加索、伊朗、巴基斯坦,进入我国西藏、川西及云南,再延至马来半岛,并在帝汶岛与环太平洋成矿域相接,延长约16 000km。

环太平洋成矿域环绕太平洋周缘展布,地跨亚洲、大洋洲、北美洲和南美洲四大洲,自南美洲南端起,沿南、北美洲西缘经安第斯、科迪勒拉等山系,经阿拉斯加,进入俄罗斯亚洲部分的东北地区,过日本群岛、我国台湾省及东南沿海、菲律宾、巴布亚新几内亚至新西兰一带,延长达40 000多千米。

值得注意的是,这些成矿域均跨入我国部分省区,对我国东部和西南部预测找矿有着重要意义。

成矿区(带)泛指大区域的成矿单元,有学者根据我国东部与西部地质背景、矿种组合与

▲劳亚成矿域

▲冈瓦纳成矿域

成矿作用的明显差别,将我国分为东部成矿区和西部成矿区。其中,东部成矿区通常被视为环太平洋成矿域的一部分。东、西部成矿区又可以划分出多个不同的成矿区(带)。全国统一分出5个成矿域、16个成矿省、90个Ⅲ级成矿区(带)。

成矿带是最常见的区域性成矿单元,如长江中下游铁铜成矿带、雅鲁藏布江铬成矿带、秦岭铜铅锌多金属成矿带等。成矿带之内还能划分出若干个成矿亚带,如长江中下游铁铜成矿带中的鄂东南铁铜亚带。

矿田指在统一的地质作用下、空间相邻的一组矿床分布区域。其分布面积一般几十到一两百平方千米,如长江中下游铁铜矿带中的狮子山铜(金)矿田。

▲ 环太平洋成矿域

▲ 特提斯成矿域

中南地区地质矿产概况

中南地区北据长江,南临南中国海,处于长江经济带、长江中游城市群、海上丝绸之路、粤港澳大湾区、环北部湾经济区和海南自贸区自贸港等国家发展战略区。中南地区主要划分为扬子、华夏两大陆块以及秦岭-大别造山带、钦杭结合带4个大地构造单元,是研究亚洲大陆东部增生、冈瓦纳大陆、罗迪尼亚超大陆聚合-裂解的重要窗口,有30多亿年的华南古老陆核记录。完整经典的地层剖面使得6枚国际金钉子落户于中南地区，也是研究大规模岩浆活动与成矿作用的典型地区，是我国南方有色、黑色、稀有金属、贵金属、页岩油气的重要能源资源基地，主要有6个国家级成矿带(区)。

1.武当-桐柏-大别成矿带

该成矿带跨鄂、豫、皖三省，展布于扬子陆块北缘，南、北、东界分别为以襄阳-广济、确山-合肥、郯-庐断裂。区内岩石变质程度高，构造发育，演化具有多阶段复杂叠加的特点，岩浆活动普遍而强烈。矿产资源丰富，已发现金属和非金属矿等40余种，大、中、小型矿床(点)500余处，其中超大型金属矿床3处。优势矿种是钼、金、银、铜、铅、锌、铁、稀土、金红石等金属和磷、盐、碱、重晶石、累托石、膨润土、石材等一大批非金属矿，钼矿为最优势矿种，是我国最重要的钼矿带。

2.长江中下游成矿带

该成矿带位于长江中下游地区，中南地区仅涉及到湖北省境内，该地区是我国富铁矿、富铜矿的重要产区，金、钨、钼、铅锌等也是优势矿种。

长江中下游地区是我国古代矿冶文明的发祥地之一，早在两千多年前的青铜文化时期，大冶铜绿山地区的铜矿资源就已被开采利用。该地区铁矿床以矽卡岩型、玢岩型为主，部分矿床具有矿浆成因的特征，代表性矿床有大冶铁矿、凹山铁矿、泥河铁矿。铜矿床以矽卡岩型、斑岩-矽卡岩复合型、斑岩型为主，代表性矿床有铜官山铜矿、城门山铜矿、沙溪铜矿。区内铁铜多金属矿床的形成一般与晚中生代大规模岩浆活动关系密切。

3.湘西-鄂西成矿带

该成矿带主体位于扬子陆块及其东南缘，主体以地层发育为特色，新元古代至中三叠世地层大部属稳定型碎屑岩、碳酸盐岩建造。侏罗纪至新生代主体为陆相沉积，浅表层次构造复杂，岩浆活动微弱。区内矿产丰富，类型齐全，包括铅锌矿、金矿、(银)钒矿、铜矿、锰矿、铁矿、汞矿、锑矿、镍钼(铂钯)多金属矿以及非金属矿产重晶石(毒重石)矿、磷矿、煤矿、石墨矿、石膏矿、雄黄矿等。铅锌矿是成矿带的主要特色，锰矿也是重要矿种。成矿带北部是我国三大磷矿产地之一，也是著名重晶石-毒重石成矿带；中部湘－黔－渝交界地区是我国著名的汞矿、铅锌矿、锰矿和重晶石矿集中分布区，也是我国三大磷矿基地之一。南部雪峰山及周缘地区是世界金矿、锑矿集中分布区。

4.南岭成矿带

该成矿带横跨黔东南、湘中南、赣南、桂北、粤北等地，空间分布跨越了扬子陆块与华夏陆块，是世界上研究燕山期大陆成矿体系和花岗岩成岩成矿理论最典型的地区之一，也是我国有色、黑色(锰)、稀有、稀土、放射性矿产分布的重要地区，是世界钨矿床和原生锡矿床分布最密集的地区之一，拥有世界上主要钨、锡矿类型。南岭地区优势矿种为锡、铋、钨、钼、稀有、稀土，重要矿种为铅、锌、银、锑、锰，一般矿种为汞、金、铜，具有一定潜力的矿种为金刚石及特殊非金属等。

5.桂东－粤西成矿带

该成矿带位于钦杭结合带的西南段，地理上包括广东的西部、广西的东部和海南岛。钦杭结合带是指扬子与华夏陆块碰撞拼贴带及其南北两侧范围，在其发展过程中蕴育了丰富的矿产资源。其中，桂东—粤西地区优势矿产主要有铁、金、铅锌、铜钼矿等，包括资源量亚洲第一(世界第二)的云浮超大型硫铁矿，国内最大的富铁矿床石碌铁矿，以及佛子冲铅锌多金属矿、抱伦金矿、河台金矿、圆珠顶铜钼矿、石碌铜钼矿等一大批享誉国内外的大型、超大型矿床。这些矿床在分布上明显受深大断裂和古生代盆地控制。

6.右江成矿区

该成矿带是区域上南盘江－右江成矿区的一部分，右江成矿区是我国金矿的重要产区之一，亦称之为滇黔桂"金三角"，矿床类型以微细粒浸染型(卡林型)金矿最为重要，次有矽卡岩型和砂金。另外，锰矿成矿地质条件良好，矿产资源丰富，在全国占有重要地位，矿床类型有沉积型、风化淋滤型、堆积型锰矿，其中大新下雷锰矿是我国超亿吨的大型锰矿区之一。铝土矿主要分布在右江断裂带西南盘，发育地段主要在碳酸盐岩构成的岩溶洼(坡)地中，分原生沉积和堆积两种类型。沉积型产于台地相上二叠统合山组底部，堆积型则与第四系岩溶发育关系密切。

目 录

1 成矿带概况 ········· 1
    一、成矿带范围 ········· 2
    二、自然、人文和经济概况 ········· 2
    三、主要地质遗迹 ········· 11

2 区域地质概况 ········· 26
    一、地质研究简史 ········· 27
    二、区域地层 ········· 29
    三、区域岩浆岩 ········· 38
    四、变质岩与变质作用 ········· 50

3 主要矿产 ········· 53
    一、锡 ········· 55
    二、稀土 ········· 59

三、稀有（铌、钽） ……………………………………… 63

四、铁 ………………………………………………………… 66

五、铜钼 ……………………………………………………… 71

六、铅锌 ……………………………………………………… 76

七、金 ………………………………………………………… 81

主要参考文献 …………………………………………… 85

1 成矿带概况

Chengkuangdai Gaikuang

一、成矿带范围

钦杭成矿带南西起自广西钦洲湾，经湘东和赣中，往北东延伸至浙江杭州湾，总体呈 NE—NNE 向反"S"状弧形蜿蜒于中国东南部，全长约 2000km，宽 100～300km。本书仅涉及钦杭成矿带西段，行政区划主要隶属于湖南、广西、广东、海南四省(区)。

二、自然、人文和经济概况

区内地势总体以中低山区为主，以绵延东西的南岭山系为其主体，构成华南地区气候、人文地理和经济发达的南北差异界线，山系中地形陡峻，切割强烈，海拔相对高差较大。南部和北部地形相对平缓，以丘陵和河谷平原为主，间有少量低山地貌。山脉走向以北东向为主，成矿带北东往南西主要分布有幕阜山、九岭山、罗霄山、苗儿山、越城岭、九万大山、元宝山、摩天岭和云开大山等，风光绚丽。

区内纵贯南北的京广、焦湛、湘桂与横穿东西的浙赣—湘黔、广梅—三藏、南昆等铁路，构成了本区交通网的主干。区内河流众多，北部以赣、湘、资、沅、澧五水为主干，联系着大小水道，纵横交织，向北汇集于洞庭湖和潘阳湖后流入长江。南部以珠江为主干，通过西、北、东江及珠江三角洲扇形辐射河网，将本区南部河流联系起来，构成发达的河道运输网。各种快速公路干线和支线公路连接于铁路、水路主干交通网之间，将中部山区与南、北部平原和丘陵地区连通，构成四通八达的交通网。

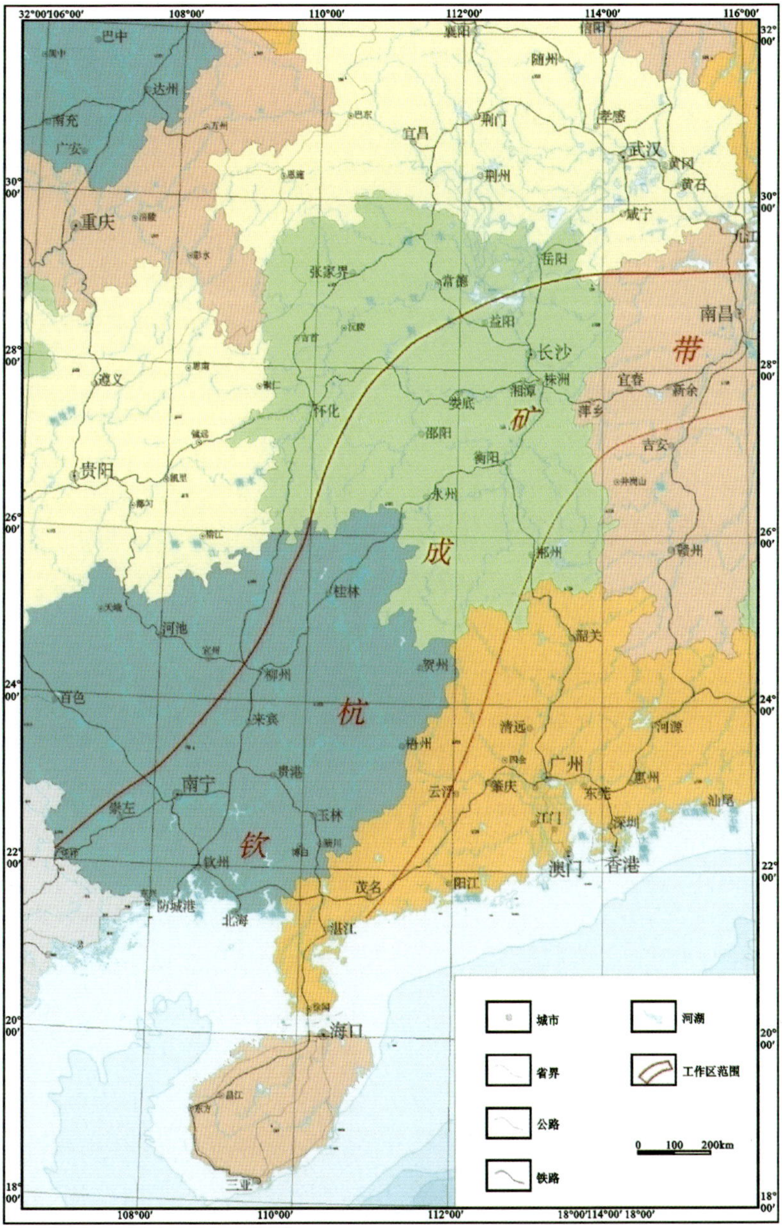

▲钦杭成矿带(西段)交通位置图

该成矿带北部地处欧亚大陆与西太平洋的过渡地带,受西伯利亚寒流、太平洋暖湿气流影响,属亚热带内陆气候,四季分明。春季(3～5月)潮湿,多阴雨,气候多变;夏季(6～9月)漫长,并且炎热,常有暴雨,是长江流域的汛期;秋季温暖干燥,多有阵雨;冬季短暂,但寒冷。年平均气温15～18℃。由于受东亚季风影响,区内风向和降水在夏季和冬季有显著变化。年降雨量980～1700mm,年平均日照时数1300～1800h。南部珠江流域属亚热带季风气候,日照长,气温高,雨水丰,夏长冬短,雨热同季。年平均气温20～23℃,年均降雨量在1500～2000mm,年日照时数1500～2100h。

该成矿带是以汉族为主的多民族居住地,少数民族有壮族、苗族、土家族、侗族、瑶族、黎族和回族等,多居于山区或丘陵偏远地带,一般还保留着质朴的民族风俗和生活习惯。成矿带所在地区是中国南方粮食作物的主产区,素有"湖广熟,天下足"之美誉。但区内经济发展极不平衡,除沿海地区及中北部大、中型城市经济较发达外,其他地区经济仍相当薄弱,特别是山区交通不便、信息闭塞,经济、文化较为落后。西南部是我国沿海经济开放区和经济特区,热带经济作物、海洋水产和旅游资源丰富,轻工业和新兴经济产业较发达。东北部是我国长江经济带和重要工业区,工业基础较好。中部地处南岭山系,多数地区经济仍以农业为主,局部地区以自然资源为依托的原材料加工业较为兴旺。由于特具的矿产资源优势,矿业成为本区的支柱产业之一,在经济构成中居重要地位,其中湘中、湘南、桂东北、粤西已形成较大的采、选、冶生产规模和能力,钨、锡、铋、铅锌、金、锑、稀土等产量位居全国乃至世界前列,是国内有色金属、稀有金属和贵金属生产、加工的重要产业基地。

▲ 钦杭成矿带(西段)地势形态及主要山脉(地形数据源自 SRTM 数据)

▲ 湖南幕阜山

◀ 江西九岭山

▲江西湖南交界罗霄山脉

▶湖南连云山主峰

▲ 天上草原——武功山

◀ 越城岭

▲
▼ 广西元宝山国家级自然保护区

◁ 云开大山日出

▼云开大山云海

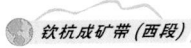

三、主要地质遗迹

1. 重要地质遗迹

地质遗迹是在地球历史时期,由内、外力地质作用形成并遗留下来的珍贵的、不可再生的地质自然遗产。

2017年颁布的《地质遗迹调查规范》(DZ/Z 0303—2017)依据成因、管理和保护、科学价值和美学价值等因素,将地质遗迹划分为基础地质、地貌景观和地质灾害三大类,并进一步分为13类和46亚类。13类为地层剖面、岩石剖面、构造剖面、重要化石产地、重要岩矿石产地、岩土体地貌、水体地貌、火山地貌、冰川地貌、海岸地貌、构造地貌、地震遗迹、地质灾害遗迹。地质遗迹反映了地质历史演化过程和物理、化学条件或环境的变化,是人类认识地质现象、推测地质环境和演变条件的重要依据,具有很高的科学研究价值,同时地质遗迹还具有极高的美学价值,对地质遗迹进行有效保护、合理开发,可产生出丰厚的经济、社会效益。

目前钦杭成矿带(西段)主要地质遗迹有数百处,其中世界级、国家级地质遗迹数十处。世界级的地质遗迹如雷琼世界地质公园的湛江湖光岩玛珥湖、海口马鞍岭火山口、海口仙人洞火山熔岩隧道、保亭仙安石林碳酸盐岩地貌等。

2. 矿山公园

矿山公园是矿山地质环境治理恢复后开发的以展示矿产地质遗迹和矿业生产过程中探、采、选、冶、加工等活动的遗迹、遗址和史迹等矿业遗迹景观为主体,体现矿业发展历史内涵,具备研究价值和教育功能,可供人们游览观赏、科学考察的特定的空间地域。

矿山公园分为国家级矿山公园和省级矿山公园,其中国家级矿山公园由

钦杭成矿带(西段)主要地质遗迹(世界级、国家级)

地质遗迹类型	类	地质遗迹名称
基础地质	地层剖面	昌江戈枕村组地层剖面、东方峨文岭组地层剖面、昌江石碌群地层剖面、柳州市碰冲石炭纪维宪阶全球界线层型剖面、桂林南边村国际泥盆纪与石炭纪地层界线副层型剖面、北流大风门中国海相泥盆系标准剖面、横县六景中国海相泥盆系标准剖面、象州大乐中国海相泥盆系标准剖面、玉林樟木泥盆系剖面
	岩石剖面	湛江湖光岩组火山岩剖面、益阳玄武质科马提岩
	重要化石产地	曲江狮子岩古人类、封开河儿口黄岩洞古人类
	重要岩矿石产地	屯昌羊角岭水晶矿遗址、白沙陨石坑、大新下雷锰矿、肇庆端砚、肇庆广宁玉石、溆浦金家洞震旦纪水母化石产地、郴州柿竹园多金属矿产地、香花岭锡多金属矿与香花石产地、浏阳菊花石、汝城温泉、灰汤温泉
地貌景观	岩土体地貌	保亭仙安石林碳酸盐岩地貌（世界级）、大化七百弄高峰丛深洼地、来宾蓬莱滩、春湾龙宫岩碳酸盐岩地貌、春湾凌霄岩碳酸盐岩地貌、云浮蟠龙洞碳酸盐岩地貌、封开莲都山峰丛碳酸盐岩地貌、封开千层峰碎屑岩地貌、封开大斑石花岗岩地貌、丹霞山地貌
	水体地貌	海口东寨港红树林湿地、桂林漓江山水、封开大洲贺江第一湾
	火山地貌	海口马鞍岭火山口（世界级）、海口仙人洞火山熔岩隧道（世界级）、第四纪火山岛——涠洲岛、湛江湖光岩玛珥湖火山机构(世界级)、霞山平沙玛珥湖火山机构
	海岸地貌	琼海玉带滩海积地貌、三亚亚龙湾海积地貌、三沙石岛海蚀地貌、三沙东岛海积地貌、湛江迈陈苞西组海滩岩
地质灾害	地震遗迹	海口东寨港海底村庄

注：海南、广东资料据海南省地质调查院《海南省重要地质遗迹调查成果报告》(2014)及广东省地质调查院《广东省重要地质遗迹调查成果报告》(2016)。

▲雷琼世界地质公园海口园区马鞍岭火山口

▼雷琼世界地质公园海口园区罗京盘火山口

▲海口市演丰镇东寨港红树林湿地

▼三沙市石岛海蚀地貌

▲曲江狮子岩马坝人复原头像

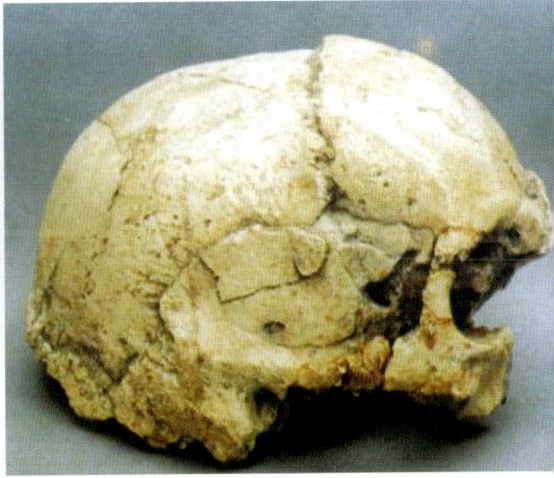
▲封开河儿口黄岩洞出土的古人类颅骨化石

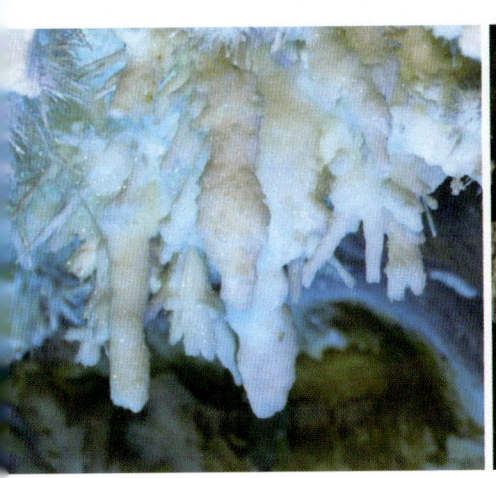
▲云浮蟠龙洞内"石花"

▲阳春春湾凌霄岩内的石幔

▲ 封开龙山峰丛地貌

▲ 封开大斑石圆润的东坡

国土资源部审定并公布。目前我国已有国家级矿山公园72家，这些国家级矿山公园已经成为矿山环境恢复与矿业文化保护的典型示范。

钦杭成矿带（西段）矿业发达，采矿历史悠久。截止目前，已批准国家

▲益阳地幔柱科马提岩

▲广宁绿玉

级矿山公园5处：合山国家矿山公园（2015年12月开园）、全州雷公岭国家矿山公园（2015年12月开园）、宝山国家矿山公园（2012年9月开园）、郴州柿竹园国家矿山公园（2014年12月开园）、湘潭锰矿国家矿山公园（建设中）。

3. 国家地质公园

地质公园(Geopark)是以具有特殊地质科学意义、稀有的自然属性、较高的美学观赏价值，具有一定规模和分布范围的地质遗迹景观为主体，并融合其他自然景观与人文景观而构成的一种独特的自然区域。建立地质公园的主要目的是保护地质遗迹、普及地学知识、开展旅游，促进地方经济发展。地质公园分为县市级地质公园、省地质公园、国家地质公园、世界地质公园四级。到目前为止，中国已批准建立国家地质公园8批共272个。这些地质公园既为人们提供较高科学品位的观光旅游、度假休闲、保健疗养、文化娱乐的场所，又是地质遗迹景观和生态环境的重点保护区、地质科学研究与普及的基地。

钦杭成矿带（西段）地质现象十

钦杭成矿带(西段)国家矿山公园

序号	名称	地理位置	矿种	最早开采历史	公园面积(km²)	开园时间	著名景点
1	宝山国家矿山公园	湖南郴州市桂阳县	铅锌多金属	可追溯至西汉,历经千年	7.8(核心景区1.48)	2012年9月	古代采矿遗址、现代采矿遗址、矿冶历史文化,露天采矿区、竖井、古铜币雕塑
2	郴州柿竹园国家矿山公园	湖南郴州市苏仙区	钨锡钼铋多金属	明朝嘉靖年间	86.66(核心景区47.06)	2014年11月	矿业遗迹、水上游乐、千里山高山景区、金狮岭原始生态区、漂流、博物馆
3	全州雷公岭国家矿山公园	广西桂林全州县	锰	最早开采始于1943年,2002年关闭	3.6(规划面积4.26)	2015年12月	风化锰矿床、采矿场、矿硐、探采槽、采矿设备和工具、科普长廊、湘江水域功能区、江心大沙洲娱乐区、石林、桂北植物园
4	合山国家矿山公园	广西合山市	煤炭	清朝光绪三十一年(1905年)	18.3	2015年12月	煤矿生产遗迹区、合山煤田科普教育区、坑口电站区、治理恢复示范区、岩溶峰林、红水河风光、"合山奇石"、"文物遗址"、玉屏山、寨山、司烟山、龙王古建筑群等
5	湘潭锰矿国家矿山公园	湖南湘潭市	锰	始于1913年开采,2012年7月关闭	9.92	建设中	矿山环境恢复治理示范区、生态农业观光休闲区、井下探秘区、现代工业参观区、矿山综合服务区、科普教育区等六大功能区

分丰富,已有国家地质公园15处:海南海口石山火山群国家地质公园、广东湛江湖光岩国家地质公园、广东阳春凌霄岩国家地质公园、广东封开国家地质公园、广西北海涠洲岛火山国家地质公园、广西浦北五皇山地质公

▲桂阳县宝山国家矿山公园"开元通宝"

▼桂阳县宝山国家矿山公园全貌

▲郴州柿竹园国家矿山公园广场

▼郴州柿竹园国家矿山公园展出的香花石和蓝铜矿

▲合山市国家矿山公园——风井口遗址

▼合山市国家矿山公园"百年煤都"

▲ 全州雷公岭国家矿山公园

▲ 湘潭锰矿国家矿山公园

园、广西桂平国家地质公园、广西鹿寨香桥喀斯特生态国家地质公园、广西资源国家地质公园、湖南通道万佛山地质公园、湖南莨山国家地质公园、湖南湄江国家地质公园、湖南浏阳大围山地质公园、湖南平江石牛寨地质公园、江西武功山国家地质公园。

钦杭成矿带(西段)国家地质公园

序号	名称	地理位置	获批时间	公园面积(km²)	公园特色	地质成因
1	海南海口石山火山群国家地质公园	海南海口市	2004年	108	主体为40座火山构成的第四纪火山群。火山类型齐全,多样,既有岩浆喷发而成的碎屑锥、熔岩锥、混合锥,又有岩浆与地下水相互作用形成的玛珥火山。主要景点有马鞍岭、双池岭、仙人洞、罗京盘等。马鞍岭火山口海拔222.8m,为琼北最高峰	属地堑-裂谷型基性火山活动地质遗迹,火山喷发于新生代近记,最后一次喷发是第四纪全新世(距今约13 000年前,是中国为数不多的全新世(距今10 000年)火山喷发活动的休眠山群之一
2	广东湛江湖光岩国家地质公园	广东湛江市	2002年	22	景区的旅游资源丰富,有狮子岭、玛珥湖、楞严寺、白衣庵、天然火山遗址、宋朝丞相李纲题写的摩崖石刻"湖光岩"和火山科普馆、玛珥湖科普长廊等	位于我国有名的新生代火山活动区雷州半岛,形成于距今(14~20)万年的火山喷发作用,是世界上典型、罕见的玛珥式火山口湖,简称"玛珥湖"。它真实地记录了地球近10多万年以来古气候、古环境的变化情况,是我国研究玛珥火山喷发和玛珥湖形成机理极好的场所
3	广东阳春凌霄岩国家地质公园	广东阳春市	2004年	0.03	是中国最具代表性的喀斯特洞穴之一,素有"南国第一洞府"之称,分为正岩、东岩、西岩三大洞,岩内有罕见的自然奇景一线天、水底月、水疗珠等	主要由石灰岩构成的一系列山脉和丘陵。地面上的降水顺着断层和裂隙渗入大地,在水的溶解和剥蚀下,在地面形成了形体秀丽的孤峰,在地下形成了溶洞和暗河。在国际地质学上,把这种地表景观称为喀斯特地貌
4	广东封开国家地质公园	广东省封开县	2005年	1326	公园内燕山期花岗岩构成巨大圆丘形地貌景观、古生代碳酸盐岩岩柱状峰林地貌景观、泥盆纪石英砂岩柱状峰林地貌景观	受印支-燕山早期构造运动的影响;在燕山晚期,出现内陆盆地,沉积了一套陆源碎屑岩、火山岩组合;喜马拉雅运动使该区轻微褶皱,湖盆消失;新构造运动产生了多级河流阶地与多层水平溶洞
5	广西北海涠洲岛火山地质公园	广西北海市	2004年	27.70	公园具有典型的火山机构和丰富的火山景观、海蚀、海积地貌也非常典型、古海洋风暴遗迹、火山、海岸、古地震遗迹、三婆庙遗迹、天主教堂、圣母堂、三婆庙	涠洲岛是中国最大的火山岛,岛形近似于圆形,形成于(13~1)万年前多次的火山喷发,岛上有许多火山喷发的遗迹,南湾火山口、横路山火山口、斜阳岛村火山口及斜阳岛婆湾火山口等

23

续表

序号	名称	地理位置	获批时间	公园面积(km²)	公园特色	地质成因
6	广西浦北五皇山地质公园	广西浦北县	2011年	32	公园主要地质遗迹为花岗岩地貌景观，兼有流水地貌、中小型构造地质遗迹，以花岗岩石蛋景观、水体景观等地质遗迹最具特色	公园的花岗岩岩体坚硬，受多期构造应力作用的影响，岩体中裂隙和节理十分发育，它们在地表形成多处构造软弱带，经风化、差异剥蚀、流水冲刷及重力崩塌作用，最终形成花岗岩石蛋、瀑布、潭池等景观；在进一步水流作用下，形成各种流水堆积地貌
7	广西桂平国家地质公园	广西桂平市	2009年	73.27	主要景观为丹霞地貌、花岗岩地貌，砂岩峰丛地貌和峡谷地貌。如西山花岗岩岩体、白石山丹霞地貌、大藤峡景观、龙潭砂岩峰丛、冷泉和瀑布等	在流水和重力作用下，西山花岗岩不断剥蚀，形成花岗岩奇峰景观。白石山紫红色砂岩，砾岩和粉砂岩，发育近水平层理和垂直节理，经构造运动、流水侵蚀、风化剥蚀等地质营力作用而形成如今造型奇特、雄伟瑰丽的丹霞地貌景观
8	广西鹿寨香桥喀斯特生态国家地质公园	广西鹿寨县	2005年	139	以地质地貌奇观著称，是融亚热带喀斯特地貌景观和生态景观为一体的景区。景区内主要地质地貌遗迹有香桥岩天生桥、香桥岩峡谷、九龙洞、响水石林及响水瀑布等	主要是石灰岩地层构成的喀斯特地貌，在不到40km²的区域内，集中展示了亚热带喀斯特不同发育阶段的典型地貌及代表岩溶景观的发育过程且极具特色的多种多样喀斯特个体形态，这样高度集中喀斯特景观发育区在全国少见
9	广西资源国家地质公园	广西资源县	2002年	125	丹霞地貌：丹霞盆型山、丹霞石柱、丹霞一线天、丹霞龙脊等；水体景观：清泉、飞瀑、溪流纵横交错	最主要的地质资源为丹霞地貌，由于组成地貌的红色砂岩坚脆，易发生垂直节理，在差异风化、重力崩塌、流水侵蚀溶容等综合地质作用下，形成奇特的丹霞地貌
10	湖南通道万佛山地质公园	湖南省通道县	2014年	87	以丹霞地貌景观为主，兼有风景地貌河段。典型丹霞地貌集中区丹霞地貌类型多样，景观丰富，有丹霞崖壁、石堡、石峰、石柱等各种正地貌和线谷、巷谷、峡谷、丹霞洞穴等	区内白垩纪紫红色砂砾岩，砂砾岩夹含砾砂岩、砂岩、黏土岩，盆地内青基础。由于地壳上升运动和长期发育定水作用，裂隙发育定丹霞地貌，重力崩塌，风化剥蚀，逐渐变成各种奇特的星罗地貌。裂隙节理发育而形成陡崖，在崩塌作用下形成峡谷，节理裂隙不发育地段岩石抗风化较强，保留下来具有丹霞特色的景观

24

续表

序号	名称	地理位置	获批时间	公园面积(km²)	公园特色	地质成因
11	湖南崀山国家地质公园	湖南省新宁县	2002年	108	由紫霞峒、扶夷江、骆驼峰、牛鼻寨及八角寨5个景区组成，以丹霞地貌为特色。主要景点：辣椒峰、骆驼峰、鲸鱼闹海、亚洲第一桥、将军石、天下第一巷、扶夷江	崀山丹霞地貌从青(幼)年期、壮年期至老年期的遗迹均有发育。构成崀山丹霞地貌的碎屑岩系(砾岩、砂砾岩)，主要形成于距今(9000~6500)万年间的晚白垩世陆相红色碎屑岩系(砾岩、砂砾岩)，岩石中网格状垂直节理极为发育，流水侵蚀作用及其诱发的重力作用，是丹霞地貌形成的主要外营力条件
12	湖南湄江国家地质公园	湖南涟源市	2009年	128	其岩溶地质遗迹的规模、种类、内涵均具有全国乃至世界性意义。主要包括观音崖、藏君洞、仙人府、塞海湖、龙泉峡、大江口六大景区	公园内石炭系、二叠系分布完整、构成一完整的石炭系—二叠系碳酸盐岩，岩溶地质剖面。地质遗迹基本上发育在石炭系—二叠系一套标准剖面。地质遗迹基本上发育在石炭系—二叠系一套碳酸盐岩，岩溶化程度高，清晰可辨的构造形迹，别具一格的微型地貌和地下水系网络反映了岩溶作用和水动力作用对地貌景观的塑造
13	湖南浏阳大围山地质公园	湖南浏阳市	2011年	193	以第四纪冰期遗迹为主，花岗球状风化地貌、断层构造形迹及具有特殊风化意义的水景观为辅。园内花岗岩球状风化地貌典型，还有断层构造形迹及浏阳河源头景观	在第四纪冰期时，大围山积雪量大增，冰川的创蚀、磨蚀及推(挟)蚀作用，促使冰斗(窖)向源侵蚀而槽谷合坡后退，底部加宽。冰期气候温暖，对冰川蚀地形进行了改造。水、气及各种微生物等沿花岗岩节理裂隙侵入，由表及里层层风化剥落，岩块内部未风化部分呈球形，从而形成大围山埋藏型石蛋地貌
14	湖南平江石牛寨地质公园	湖南平江县	2011年	78	景以丹霞地貌为主，兼有花岗岩地貌和水体景观等。景点可以概括为"一牛二关三关隘、四桥五寨六线天、七奇石八寺庙、百零八崖九景无边"，并以"十里绝壁、百里丹霞"为典型代表	丹霞地貌发育于距今6500万年前的白垩红层中。由于受到后期地壳运动的影响，红层中发育多组节理、经流水侵蚀、重力崩塌、风化剥蚀等多种地质作用形成丹霞地貌景观；花岗岩地貌则为侏罗纪印支后期构造作用形成花岗岩体经后期地质构造被带剥蚀而成
15	江西武功山国家地质公园	跨江西萍乡市、宜春市、吉安市	2005年	164.3	主要以奇岩景观、高山草甸景观和水潭景观。主要奇岩景观：万花岩、万松岩、万丈岩、白仙岩、观音岩、乌龙岩等。主峰白鹤峰(金顶)海拔1918.3m，是江西第一高峰	晚古生代、中生代地层和花岗岩岩体是武功山的主要组成物质。强烈的地壳运动，在这些岩体中留下了断层、褶皱、变质变形等印记，经过长期的地质演化被带到地表，呈现在我们面前

25

2

区域地质概况

Quyu Dizhi Gaikuang

一、地质研究简史

钦杭成矿带地质工作历史悠久。早在中华人民共和国成立之前,一批先辈地质学家就先后到本区进行过地质矿产考察和研究。①丁文江、李四光、田崎隽、谢家荣、黄汲清等前辈地质学家先后到本区中南部的南岭地区进行过地质矿产调查研究工作,初步确定了区内的地层层序、构造轮廓、矿产种类和分布特点,代表性成果见于《中国地质学》(李四光,1939)、《南岭何在》(李四光,1943)、《湖南临武香花岭锡矿地质》(孟宪民等,1936)、《湘桂交界富贺钟江砂锡矿记要并泛论中国锡矿之分布》(谢家荣,1945)、《中国主要构造单位》(黄汲清,1945)等。中华人民共和国成立后,本区地质矿产工作有了突飞猛进的发展。②地矿、有色、冶金、核工业、煤炭、武警黄金部队等地勘单位,开展了大量的区域地质调查、物探、化探、遥感、矿产勘查及科研工作,取得了丰硕的找矿成果。③探明和评价了一大批大、中、小型矿床,积累了丰富的地质矿产勘查资料,使该地区成为国内地质调查、矿产勘查和科学研究程度较高的地区之一。④新一轮国土资源大调查以来,武汉地质调查中心承担的"中南地区重要矿产资源潜力评价",系统地梳理了中南地区重要资源的成矿地质背景,建立了基于地质调查研究成果的构造格局,划分了4个一级、10个二级、35个三级构造单元;"钦杭成矿带西段区域地质调查综合研究"项目,重新厘定了工作区各时代地层分区与岩石地层单位划分方案,认为扬子、华夏两大地层区元古界至下古生界差异较为明显,泥盆纪及其以后两大地层区地层差异小;获得了Rodinia、东冈瓦纳、Pangea超大陆的聚合与裂解事件在区内的构造岩浆响应的岩石学新证据;提出云开地区原"基底岩系"由中元古代晚期—新元古代早期片麻岩类、新元古代片岩类及加里东期片麻状花岗岩三套岩石组合组成。"钦杭成矿带（西段）重要金属矿床成矿规律及找矿方向研究"项目组认为钦杭成矿带在其从活动板块边缘到陆内活动带的发展演化过程中，每一次大的构造变动事件都蕴育了相应的矿床，是华南最重要的聚矿场所，强调区内地质找矿和相关研究工作应重视早古生代、中生代构造演化研究，提出了华南中生代构造体制转换发生于中－晚三叠世，而不是以前普遍认为的发生在早－中侏罗世，华南中生代大规模成矿作用在印支晚期（晚三叠世）就已拉开了序幕。⑤钦杭结合带的研究可以追溯到 20 世纪 80 年代初。1893—1987 年间，水涛主持的科研团队在江山－绍兴断裂带及其两侧开展了长期的野外专题调研，获得一批重要的基底年代学数据，确认江山－绍兴断裂带原岩建造为晋宁早期大洋底超镁铁质－镁铁质火山及类复理石沉积，断裂带两侧为晋宁早期的岛弧和古陆，并发现断裂带两侧大陆壳对冲变形结构及断裂带内部高度压缩的紧闭扇形褶皱。据此，水涛等认为江南古陆与华夏古陆之间曾为浩海分隔，由于两大古陆的相向漂移运动和对接碰撞导致大洋壳向北侧岛弧带消减，同时也为南侧古陆壳超叠。他首次提出江南古陆和华夏古陆碰撞对接的构想，从而奠定了华南扬子与华夏陆块碰撞拼接模式的基础。

随后，史明魁等（1993）在"湘桂粤赣地区有色金属隐伏矿床综合预测"研究中，注意到两侧基底结构、地质及地球物理、深部构造特征的差异，最先提出钦州—绍兴一线是分割扬子与华夏古板块的界线。继之，杨明桂等（1997，1998）对该结合带的地质构造演化、区域成矿特征进行了比较系统的研究，明确提出钦州湾至杭州湾为扬子古板块与华夏古板块的结合带（简称钦杭结合带），同时指出它也是中国东南部一条最重要的构造岩浆成矿带，并正式命名为"钦杭成矿带"。历经二十余年大量地质事实和地球物理资料的检验，钦杭结合带与成矿带的发现和论证已为国内外地质界所广泛认同和接受。

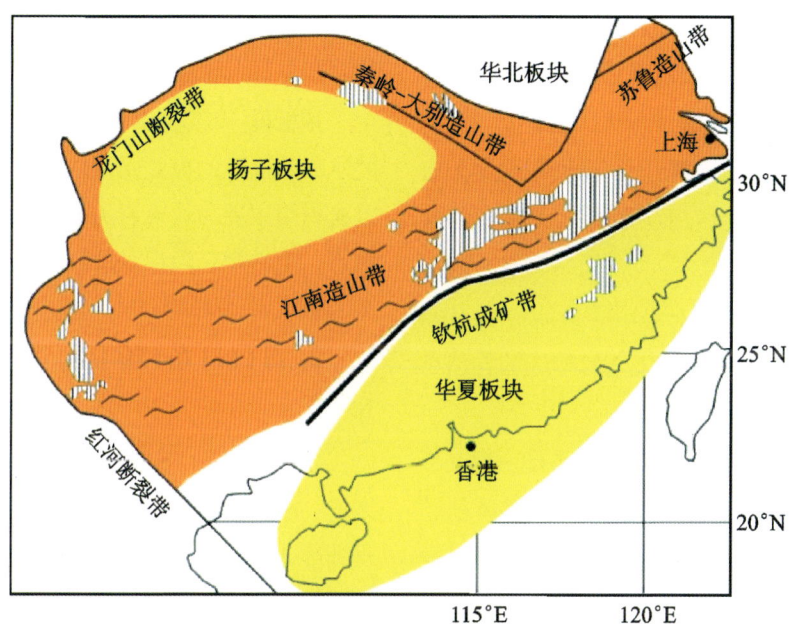

▲ 华南晋宁期大地构造略图(据 Li Z X et al,2002 修改)

二、区域地层

钦杭成矿带地层分布广泛,自古元古代至第四纪地层均有分布,地层层序完整,化石门类齐全,沉积类型复杂。早古生代及其之前地层以活动型沉积为主,泥盆纪及其以后地层皆属浅海或陆相稳定型沉积,部分地区是我国地层古生物学研究的立典之地。

1. 古-中元古界(25亿~10亿年)

古-中元古代地层分布较为零星,仅见于湘东北、粤西—桂东、海南岛等地区,包括湘东北地区的仓溪岩群,云开地区的天堂山岩群、云开岩群和海南岛内的抱板群。

云开岩群：分布于云开大山,主

要由千枚岩、片岩、石英岩和少量大理岩、变火山岩组成,原岩主要为砂泥质沉积岩夹少量火山岩。

仓溪岩群:出露于湘东北浏阳市文家市北西清江水库至尤家湾和文家市南东仓溪一带,为一套绿片岩相变质的沉积—火山碎屑岩,以及基性、中酸性浅成侵入岩构成的构造杂岩。

天堂山岩群:分布于桂—粤交界的博白三滩—容县杨梅—岑溪筋竹一线之东南侧,总体环绕天堂山展布。主要由片麻岩、变粒岩、石英岩、片岩和少量大理岩、变基性岩组成。

抱板群:零星出露于海南岛九所-陵水断裂以北的琼北微地块,其下部戈枕村组主要为片麻岩夹变粒岩、麻粒岩,上部峨文岭组以片岩为主,其次为石英岩、变粒岩。

2. 青白口系(10亿～7.2亿年)

青白口系包括湖南境内的冷家溪群、板溪群和广西境内的四堡群、丹洲群,以及海南境内的石碌群。

▼云开岩群片岩及其中的透镜状变质基性火山岩

冷家溪群：主要分布于湘东、湘东北地区，湘中及湘西有零星分布，指伏于武陵运动不整合面之下的一套灰色、灰绿色板岩和砂岩，局部地段夹有变基性—酸性火山岩。

四堡群：分布于桂北九万大山地区，与冷家溪群层位相当。主要为浅变质砂岩、粉砂岩，夹较多的凝灰岩、细碧岩、角斑岩及火山角砾岩等。

石碌群：仅见于琼西石碌矿区，主要由上部的灰岩、白云岩、碳质板岩和中下部的片岩、石英岩组成，夹变基性火山岩及磁铁矿、赤铁矿矿层。

板溪群：分布于湖南芷江、溆浦、双峰、衡山一线以北的广大地区，由灰绿色、紫红色浅变质砾岩、砂岩、板岩、沉凝灰岩及碳酸盐岩、碳质板岩等组成，局部有海底喷溢的基性和中性、中酸性火山岩，可见铜矿化或夹含铜板岩。在湘东北临湘县可见板溪群不整合覆盖于冷家溪群之上。

丹洲群：分布于桂北九万

▲ 湘东北临湘陆城冷家溪群与板溪群的不整合接触关系

大山—越城岭一带，主要由灰色、灰绿色浅变质砾岩、砂岩、粉砂岩、泥质岩和条带状大理岩组成，局部含磷块岩结核，在龙胜三门街—和平一带可见夹层状基性—超基性岩及细碧角斑岩。

鹰扬关群：出露于湘桂粤交界山区，由板岩、千枚岩、变质砂岩和变质火山角砾岩、细碧角斑岩、角斑岩组成。

3. 南华系(7.2亿～6.3亿年)

湖南境内及桂北、桂东北地区主要为海洋冰川沉积和正常海洋—海洋冰川混合沉积的冰碛砾岩、冰碛砂岩，夹少量间冰期的

31

黑色碳质页岩、含锰碳酸盐岩、锰矿层及砂页岩。云开地区以浅灰色及灰绿色片岩、石英岩为主，夹千枚岩、硅质岩、大理岩、凝灰岩及黄铁矿层。海南地区以石英砂岩、石英岩为主，夹泥岩、硅质岩、赤铁矿粉砂岩，石英岩中常含赤铁矿。区内南华纪地层为锰、铁、硫、金重要赋矿层位。

4. 震旦系（6.3亿～5.4亿年）

湘西北地区震旦系下部主要为含锰、磷的碳酸盐岩、硅质岩，上部是以白云岩类为主的碳酸盐岩，局部产藻叠层石和微古植物；湘中、桂北地区下部主要为黑色板状页岩、碳酸盐岩及少量磷块岩，上部主要为硅质岩；湘东南、桂东地区下部主要为浅变质的砂岩、泥质板岩，上部主要为硅质岩、硅质板岩；云开地区下部为灰绿色—青灰色砂岩夹砂质-粉砂质板岩等，上部具多层泥质、砂质硅质岩，顶部为深灰色-紫红色

▼ 粤西云浮大降坪硫铁矿赋存于南华系大绀山组中

的硅质板岩。

5. 下古生界(5.4亿~4.2亿年)

寒武系：除湘西南、桂东北为浅海相碳质页岩、灰岩组成的过渡型沉积外，其他地区为浅变质的深海相泥砂质浊流沉积，是钨、锡、银、金重要赋矿层位。梧州城北寒武系水石组可见典型的砂泥岩互层的褶皱变形与沉积纹层。

奥陶系：主要为浅变质的含笔石泥砂质、碳硅质、硅泥质建造，中上部出现砂岩、砾岩，局部夹火山岩、碳酸盐岩层；为银、铅、锌、锰赋矿层位。在粤西德庆、郁南地区中晚奥陶世沉积岩中新发现较丰富的海相宏体化石。

志留系：零星分布于湘中—湘西南、桂东南及云开地区，主要为一套具韵律的砂泥质复理石沉积，局部夹硅质岩和中基性火山岩。桂东南地区的志留系是铅、锌赋矿层位之一。

▼梧州城北寒武系水石组砂泥岩互层的褶皱变形(上)与沉积纹层(下)

▲ 粤西德庆、郁南地区中晚奥陶世沉积岩中新发现的海相宏体化石（王志宏供图）

1~6、12~17产于德庆县戴峒村上奥陶统兰瓮组，7~11产于郁南县干坑村中奥陶统东冲组。以上化石标本均保存于武汉地质调查中心。

▼ 粤西德庆南江口志留系连滩组砂泥岩互层

6. 上古生界（4.2亿~2.5亿年）

泥盆系：湘中地区缺失下泥盆统，中统下部为滨岸砂页岩建造，夹豆状赤铁矿层，向上逐渐过渡为以碳酸盐岩建造为主；湘南—桂东北地区为碳酸盐岩和碎屑岩建造，缺失早泥盆世早期沉积；桂东分属桂林、柳州、南丹沉积区，对应为曲靖（陆相、滨海相碎屑岩建造）、象州（滨海或台地近

▲ 桂东南钦州石梯水库泥盆纪至二叠纪硅质岩(何卫红供图)
(左：硅质岩与泥岩互层；右：复杂的褶皱变形)

岸浅水环境，主要为碳酸盐岩建造)、南丹(盆地相或台地较深水环境，为碳酸盐岩、硅质岩建造)三个建造类型；桂东南钦州地区晚古生代地层发育齐全，泥盆系与志留系为连续沉积，泥盆系为深水细碎屑岩、硅质岩；云开地区早泥盆世早期发育以砂砾岩为主的类磨拉石建造，早泥盆世晚期—中泥盆世主要为滨岸陆源碎屑岩和缓坡相碳酸盐岩建造，晚泥盆世为开阔台地相碳酸盐岩夹碎屑岩沉积。是钨、锡、铅、锌、金的重要赋矿层位。

石炭系：下统为浅海相碳酸盐岩夹海陆交互相含煤碎屑岩建造，向东西两侧渐变为海陆交互相含煤碎屑岩建造、陆相含煤碎屑岩建造或碎屑岩建造；上统主要为一套浅海相碳酸盐岩建造。桂东贺州地区

▲ 粤西阳春泥盆纪杨溪组砂岩中大小不一的砾石

早石炭世为硅质岩、泥岩、砂岩互层。该层位中碳酸盐岩为锡多金属矿产重要赋矿岩性。

二叠系：下、中统主要为浅海碳酸盐岩建造，湖南骑田岭矽卡岩型锡矿

主要赋存于下统栖霞组灰岩中;上统以滨海沼泽相、海陆交互相的含煤碎屑岩建造为主。钦州地区二叠系为巨厚的磨拉石建造。粤西阳春地区二叠系童子岩组中发现有丰富的植物叶片化石(大羽羊齿)。

▲桂东贺州地区早石炭世互层的硅质岩、泥岩、砂岩及其褶皱变形

7. 中生界(2.5亿～6600万年)

三叠系:中下统为滨浅海碳酸盐岩和碎屑岩建造;上统岩相差异大,主要有陆相含煤碎屑岩建造、以陆相为主的海陆交互含煤碎屑岩建造、浅海相铁磷碳酸盐岩－碎屑岩建造等。

侏罗系:中下统主要为陆相盆地堆积,整合或假整合于上三叠统之上,为陆相含煤碎屑岩建造的砾岩、砂砾岩、长石石英砂岩、碳质页岩夹薄煤等,局部夹火山碎屑岩;上统为陆相喷发—沉积或陆相盆地砂砾岩建造,局部夹煤线。

白垩系:散布于大小不等的盆地中,主要为滨湖、浅湖相砂、泥岩、山麓相砾岩,局部夹盐湖相膏泥岩及火山碎屑岩和火山熔岩。下统含石膏、钙芒硝;上统产铜、铀及石膏矿。

8. 新生界（6600万年至今）

古近系：区内古近纪发育的活动性裂谷断陷盆地,包括大型的洞庭湖盆地、北部湾盆地,以及湖南、广东、广西、海南境内的一些小型断陷盆地。为淡水浅湖相砂泥岩及盐湖相岩盐、泥膏岩、钙芒硝,局部有碳酸盐岩及油页岩。

新近系：新近纪陆相盆地的分布发育特征与古近系相同,但活动程度均较古近纪大为逊色,整个岩相古地理格局有较大的变化。内陆地区为河流相砾岩、砂岩、泥岩;雷琼地区主要为海陆交互相砂岩、泥岩,夹玄武岩、凝灰岩及油页岩和褐煤层。

第四系：广泛分布于长江、湘江、珠江、赣江流域,主要为河、湖相沉积。

▲ 粤西阳春二叠系童子岩组粉砂岩、泥岩中发现的植物叶片化石（大羽羊齿）

三、区域岩浆岩

钦杭成矿带内广泛分布的岩浆岩以花岗岩类岩石为主,也发现有少量中性、基性—超基性岩,以及玄武岩、流纹岩、英安岩等喷出岩。岩浆岩形成于中元古代蓟县纪(14亿~10亿年)至新生代第四纪(258万年至今)的不同时期。

1. 花岗岩类

区内已发现的最古老的花岗岩形成于14亿年,但更多的花岗岩形成于距今1.6亿~1.0亿年、2.8亿~2.2亿年、4.6亿~4.0亿年,还有少量形成于8.6亿~8.1亿年。14亿年的花岗岩类目前仅发现于琼西的戈枕、亚炮、尧文等地,单个岩体出露面积小于$100km^2$,岩性主要为花岗闪长岩、二长花岗岩及少量正长花岗岩。

距今8.6亿~8.1亿年的花岗岩类主要见于桂北的宝坛、三防和元宝山,湘西南城步茅坪—兰蓉一带,以及湘东北的岳阳张邦源、平江梅仙、浏阳长三背和大围山等地,多呈面积不大的岩基或岩株状产出,岩性主要

▼ 琼西戈枕巨斑状片麻状花岗岩

8.2亿年花岗岩（上：湘东北岳阳张谷英村口；下：岳阳平江梅仙镇南1km）

为英云闪长岩、花岗闪长岩和二长花岗岩。

距今4.6亿～3.8亿年的花岗岩类广泛分布于赣西、湘东北、湘中—桂东北、粤西等地区，多呈规模宏大的复式岩体产出，构成特征的花岗岩穹隆，大者出露面积1000km²以上，如武功山、苗儿山、越城岭、万洋山等岩体；小者出露面积也在100km²以上，如板杉铺、大宁、永和、雪花顶、彭公庙等岩体。岩性主要为花岗闪长岩、二长花岗岩。

距今2.8亿～2.0亿年的花岗岩类主要分布于湘中—桂东北、湘北、湘东南、桂东南及海南岛等地区,具有点多面广的特点,总体出露面积不大。除少数以独立岩体产出外,多出现于复式岩体中,如湘中白马山、关帝庙,湘东南大义山,桂东北越城岭等岩体。

◀ 桂北猫儿山(号称『华南之巅』)主要由4.6亿~3.8亿年的花岗岩组成

距今1.6亿～1.0亿年花岗岩类分布极广,形成规模宏大的北东向、东西向构造－岩浆带,如早期的湘东北幕阜山、湘南骑田岭、桂东北姑婆山和晚期的桂东南陆川、粤西德庆、杏花、新洲等岩体。

▲ 湘北岩坝桥花岗岩采石场及其中暗色微粒包体

▶ 桂东南旧州花岗岩中各种类型的深部包体

▲粤西阳江雅韶(新洲岩体)海岸边巨斑状花岗岩及其中定向的暗色微粒包体

2. 基性—超基性侵入岩

区内基性—超基性侵入岩主要分布于湘东北、湘西、桂北、云开及海南岛等地区,规模一般较小,大多呈岩墙、岩脉状产出,少数呈小岩株。

距今 10 亿年的基性—超基性岩目前只发现于粤桂交界的云开大山;湘东北浏阳市文家市、湘西中方隘口、桂北宝坛—三防—元宝山等地则出露较多的是距今 8.6 亿~8.2 亿年的基性—超基性侵入岩;距今 8.2 亿~7.4 亿年的基性—超基性岩广泛

▲典型基性岩脉与岩墙野外形貌

▲ 粤西信宜贵子坑坪距今10亿年的变基性岩

分布于湘西桃源走马岗—通道陇城至桂北三门街—龙胜一带。

距今4.5亿~4.4亿年的基性—超基性侵入岩主要见于粤西的信宜—高州一带,出露面积较小,以信宜竹雅、东坑和高州石板规模较大,岩性主要为苏长辉长岩和辉长岩。

▲ 粤西信宜竹雅辉长岩露头(废弃采石场)及岩石特征

▲ 粤西信宜东坑斜长角闪岩与英云闪长岩

距今2.4亿～2.1亿年的基性—超基性侵入岩在海南岛分布较广，呈岩株或岩脉产出，岩性主要为辉长岩、辉长辉绿岩、角闪辉石岩等，如琼西红水岭辉长辉绿岩、琼东长安角闪辉长岩等。华南内陆同期基性侵入岩多呈花岗岩包体或岩脉零星分布。

距今1.8亿～0.8亿年的基性—超基性侵入岩分布范围广，但规模一般较小，大多呈岩墙、岩脉状产出，少数呈小岩株，岩性主要为辉绿岩、煌斑岩，在湘西南—桂北及桂东大瑶山等地区还伴有少量辉石岩、辉橄岩。

3. 火山岩

火山岩属于岩浆岩（火成岩）的一类，是炽热的岩浆喷出／溢流至地表后冷却形成的。本区出露了14亿年至今不同时期的火山岩。

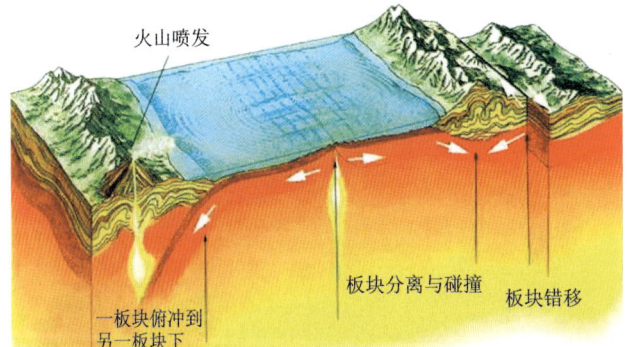

◀板块运动及火山活动示意图

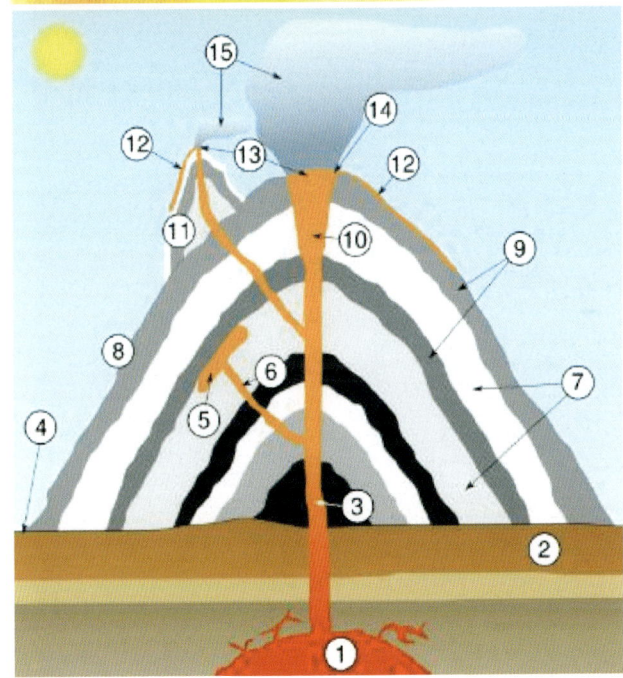

◀典型火山机构剖面图（图片来源：中国地质图书馆）

①主岩浆库；②基岩；③主熔岩通道；④地面；⑤侵入性火成岩脉；⑥熔岩岔道；⑦火山灰堆积层；⑧侧翼；⑨熔岩堆积层；⑩火山喉；⑪寄生火山锥；⑫熔岩流；⑬喷发口；⑭主火山口；⑮灰云

　　距今14亿年火山岩零星出露于琼西抱板、大蟹岭、冲卒岭及琼中上安等地，原岩可能为中酸性、中基性火山岩，现在看到的岩性多为其经历变质变形后的片麻岩、变粒岩、麻粒岩等。

　　距今8亿年的火山岩大量出现在湘东北地区冷家溪群雷神庙组、桂北四堡群、湖南板溪群沧水铺组(宝林冲组)和五强溪组,桂北丹洲群、桂东北鹰扬关群,桂东-粤西云开群、海南石碌群,湘中—桂北地区富禄组、湘南—桂东北地区天子地组和粤西大绀山组等地层中。

▲典型沉积地层中火山岩夹层(高林志等,2015)
a.柳坝塘村柳坝塘组剖面;b~d.凝灰岩夹层露头(凝灰岩为白色、薄层)

距今 4.6 亿～4.0 亿年的火山岩出露不广，主要见于桂东南岑溪糯垌、安平白板—大爽以及博白周垌、北流民安水库等地。广西大明山地区同期火山岩见于武鸣县两江一带，主要为与砂泥岩同沉积的火山角砾岩和熔岩。

距今 2.5 亿～2.0 亿年的火山岩出露于广西凭祥板扣、叫隘、龙州和崇左县江州、钦州灵山新圩和海南琼海牛岭等地。

距今 2.0 亿～1.4 亿年火山岩主要出露于湘南地区的新田欧家山、宁远保安圩、道县虎子岩、江永回龙圩一带，以及

▲ 桂东南岑溪糯垌距今 4.4 亿年基性火山岩露头（上）及玄武岩（下）（注：下图黑色部分中的白点为石英或方解石填充的火山岩气孔）

▲ 桂东南岑溪安平白板—大爽出露的距今 4.4 亿年的玄武岩（左）和火山角砾岩（右）

▲桂西那坡基性火山岩（辉绿岩、玄武岩）（引自陈雪峰等，2016）

蓝山两江口、宜章长城岭、桂东贝溪、汝城横山等地，桂阳宝山—黄沙坪地区有少量分布。

距今1.4亿～6600万年的火山岩主要分布于湘东长平、醴攸，粤西阳春山表、高州长坡，桂东南太平、自良、水汶、博白、合浦，钦州陆屋、平吉和那务，海南澄迈旺商、儋州洛基、通什五指山、保亭同安岭、三亚牛腊岭和琼海阳江、定安雷鸣、白沙—乐东、三亚、藤桥等地，多为火山碎屑岩、熔岩、凝灰岩等。

华南内陆6600万年以来火山岩仅见于洞庭湖盆地南缘的宁乡青华铺、浏阳应家山等地。宁乡县青华铺火山岩岩性为玄武安山岩，浏阳应家山火山岩由玄武岩和碱玄质响

▲湘南道县虎子岩火山岩
（上：野外出露点；下：火山角砾岩）

岩组成,形成于约6200万年。

海南北部和雷州半岛(含涠洲岛)在6000万年以来火山活动最为强烈。岩石类型主要有熔岩、碎屑熔岩、火山碎屑岩,这些火山岩覆盖了雷琼地区的大部分地表。雷州半岛已发现的74座火山和海口火山地质公园的40多座火山,多为休眠火山。

▼湛江湖光岩玛珥湖(火山爆发导致地表塌陷形成的火山湖)

▲海口地质公园休眠火山景观(左:海口马鞍岭,海拔222.8m,深90m;右:海口双池岭,海拔93~105m,深15m)

四、变质岩与变质作用

区内变质岩以区域变质岩分布最广,其次有混合岩、接触变质岩、气-液变质岩、动力变质岩等。不同类型变质岩和变质作用可归因于距今14亿年以来的数次构造作用和岩浆作用。

区域变质岩主要分布于湘西雪峰山、桂东粤西云开大山和海南抱板等基底隆起区。最早期的包括湘东北地区的连云山杂岩和仓溪岩群、云开地区的天堂山岩群、海南岛地区的抱板群;而湘东北冷家溪群、桂北四堡群、云开地区云开群、海南石碌群变质作用稍晚。砂泥质沉积岩经区域变质作用,可形成变质砂岩与云母片岩互层的现象,并包含同构造形成的不规则石英团块。花岗岩类经区域变质作用,可形成眼球状片麻岩。

混合岩主要包括两种:一种呈区域带状或穹隆状分布,如云开—增城

▼变质砂岩与云母片岩互层及其中的石英团块

▲ 粤西云开地区眼球状片麻岩

和抱板地区的混合岩；另一种分布局限，主要出现在地壳活动带的同构造岩体周围，如湘东北连云山和粤西那蓬。炽热的岩浆侵入冷的地壳中会导致围岩发生接触变质作用，形成接触变质岩，如角岩、石英岩、大理岩等。

动力变质岩分布于断裂带两侧，呈带状分布，一般宽数米至数十米，也可达数千米不等。如浏阳－双牌－恭城、茶陵－郴州、博白－梧州、吴川－四会断裂带等。形成的岩石主要有构造角砾岩、碎裂岩、糜棱岩和千糜岩。

气－液变质岩通常规模不大，但分布广泛，不但在基性—酸性侵入体及其围岩中普遍存在，

▲ 粤中增城混合岩及其中晚期岩脉（上）和粤西高州条带状混合岩（下）

▲ 新兴大江斑点板岩/角岩(左)和罗定分界大理岩(白)–透辉石大理岩(黑)(右)

▲ 新兴大江小型断层内的断层泥与断层角砾岩

而且在各类喷出岩和变质岩中也有分布,在一些规模较大的断裂带中亦广泛发育。如含氧化锰的矿物溶液沿岩石缝隙浸染形成的假化石——"树枝石"。

▲ 含氧化锰的矿物溶液沿岩石缝隙浸染形成的假化石——"树枝石"

3 主要矿产

Zhuyao Kuangchan

"不识庐山真面目,只缘身在此山中",用这句古诗来形容人类与矿产资源的关系也许是合适的。人类的生活与矿产资源息息相关,但是多数人并不清楚它们产在何地?原始形态为何?何时形成?如何为人类所用?本书以"钦杭成矿带(西段)"为例,来说一说矿产资源。

矿产资源泛指一切埋藏在地下可供人类利用的天然矿物或岩石,它们是经过几百万年甚至几亿年的地质变化才形成的,是社会发展的重要物质基础,现代社会人们的生产和生活都离不开矿产资源。按照矿产资源的用途不同,可大致划分10类:能源矿产(煤、石油、天然气等);黑色金属矿产(铁、锰等);有色金属矿产(铜、铅、锌、钨、锡、钼等);贵金属矿产(金、银、铂等);稀土稀有矿产(铌、钽等);冶金辅助用料(溶剂用石灰岩、白云岩等);化工原料(硫铁矿、自然硫、磷、钾盐等);特种类(压电水晶、冰洲石、金刚石、光学萤石等);非金属建材类(花岗岩等);水汽矿产类(地下水、地下热水等)。我国矿产资源丰富,其中有10余种矿种的查明资源储量居世界前列,如稀土、钨、锡、钼、锑、萤石、石墨等,不仅已查明资源储量可观,而且资源质量高,在国际市场具有明显的优势和较强的竞争能力。

钦杭成矿带(西段)是我国南方重要的矿产资源产基地,区内矿产种类繁多,20世纪以前,区内已探明的大、中型以上矿床达184处,其中包括资源量世界第一的锡矿山超大型锑矿、亚洲第一(世界第二)的云浮超大型硫铁矿、国内最大的富铁矿床(石碌铁矿),以及七宝山铜多金属矿、黄金洞金矿、水口山和黄沙坪铅锌多金属矿、柿竹园钨锡铋钼多金属矿、栗木锡铌钽矿、佛子冲铅锌多金属矿、抱伦金矿、河台金矿、圆珠顶铜钼矿、石菉铜钼矿等一大批享誉国内外的大型、超大型矿床。1999年地质大调查以来,在公益性地质调查评价工作的引领拉动下,区内地方和商业性矿产勘查非常活跃,找矿成效显著,新发现和评价了芙蓉锡多金属矿、锡田锡矿、荷花坪锡多金属矿、虎形山钨矿、大新金矿、留书塘铅锌矿、社垌铜钼矿、三叉冲钨矿、思委银铅锌矿、园珠顶铜钼矿、高枧铅锌银矿、大金山钨锡矿、黄泥坑金矿、新村钼矿、抱朗金铅锌矿（海南）等大、中型矿床 23 处。在已查明资源储量的矿产中，居全国前列的有锡、稀土，另外铁、铜、铅锌、金也占有十分重要的地位。

一、锡

1. 概述

锡是人类最早发现和使用的金属之一，中国对锡的使用最早可以追溯到商代，当时我们的祖先就已能用锡、铜、铅生产青铜器皿。锡的化学符号为 Sn，原子序数 50，具强光泽。自然界已知的含锡矿物有 50 多种，主要含锡矿物大约有 20 多种，目前有经济意义的且最为常见的主要是锡石，锡石的化学成分为 SnO_2，纯净的锡石几乎无色，但一般均呈黄棕至棕黑色，条痕白色，金刚光泽，断口上油脂光泽，是提取锡、制造锡合金的主要矿物原料。

▼ 自然界中的典型锡石

2. 价值与用途

由于锡具有质软、延展性好、化学性质稳定、抗腐蚀、易熔、磨擦系数小等特点,被广泛应用于工业、国防、尖端科技等。比如在工业方面,主要用于生产镀锡板和各种合金,可以用作食品和饮料的容器、各种包装材料、家庭用具和干电池外壳等;轴承合金是锡、铅、锑、铜的合金;锡还可与其他金属制成巴比特合金、铌锡合金等,用于原子能工业、航空工业等领域。

3. 矿产地

世界锡资源主要分布在中国、印度尼西亚、秘鲁、巴西、玻利维亚、马来西亚、俄罗斯、澳大利亚、泰国等国。美国地质调查局2015年发布的数据显示,全球锡储量共约$480×10^4$t,其中中国拥有$150×10^4$t,印尼$80×10^4$t,巴西$70×10^4$t,玻利维亚$40×10^4$t,澳大利亚$37×10^4$t。中国是世界上锡矿资源最为丰富的国家。我国共探明矿产地520余处,分布于15个省区,其中广西(大厂)、云南(个旧)、湖南、广东四省的储量占了全国总储量的80%以上,目前正在开采的锡矿有原生锡矿和砂锡矿,锡矿伴生资源丰富,共生及伴生的矿产主要有铜、铅、锌、钨、锑、钼、铋、银、铌、钽、铍等,锡矿的生成常与中深至浅成的黑云母花岗岩、斑状花岗岩、花岗斑岩、石英

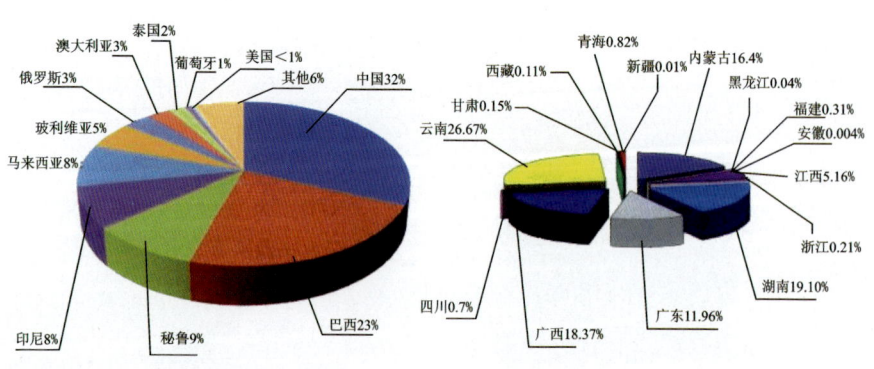

▲锡查明资源储量世界(左)和中国(右)分布比例图

斑岩的岩株、岩墙、岩脉有关,成矿最有利的围岩是钙质碳酸盐岩,其次为硅铝质岩石。

锡也是钦杭成矿带(西段)最主要的优势矿种,成矿时代以侏罗纪—白垩纪为主,呈爆发式集中产于160~150Ma之间,主要分布于湘南东坡、芙蓉、香花岭、锡田、大义山、九嶷山及桂东北姑婆山等地。其中颇具盛名的矿床有柿竹园钨锡钼铋(特大型)、白腊水锡矿(特大型)、银岩锡矿(大型)、珊瑚钨锡矿(大型)等。下面就以成矿带内颇具特色的银岩锡矿和珊瑚钨锡矿作简要介绍。

(1) **银岩锡矿**。银岩锡矿位于广东省信宜县境内,处于吴川－四会大断裂西侧。起初银岩一带有百余条锡石－硫化物型矿脉,很早以前就被当地居民发现和开采,但对地表出露的矿化花岗斑岩脉却未引起足够的重视,1977年下半年起,704地质大队针对花岗斑岩普遍含锡这一现象开展了在花岗斑岩中找锡的普查评价。

矿区出露地层主要为前泥盆系的石英片岩、片麻岩及眼球状混合岩,岩体主要由花岗斑岩及石英斑岩

▲银岩锡矿原采场(上)和石英脉中赋存的棕色锡石(下)

组成,其主体部分为花岗斑岩,花岗斑岩体隐伏于地表之下,地表仅出露数条石英斑岩,锡矿主矿体呈"倒杯状"

产于花岗斑岩体的中部偏上部位(杯底)和中、下部的内、外接触带上(杯身和杯缘),"杯底"比较厚大而规则,直径约 250m,厚 90~150m,"杯身"陡立,倾角 70°~87°,厚数十米,"杯缘"呈喇叭状张开,矿体倾角变缓为 30°~60°,主矿体垂直变化深度大于 420m,含锡平均品位 0.53%。金属矿物主要为锡石,还伴生可综合利用的 W、Mo、Bi 和 Cu、Pb、Zn、Ag 等元素,其中 Mo 可富集成独立的工业矿体,W、Sn、Mo 共同富集成综合矿体。综合研究认为,该矿床为成矿带内特殊的斑岩型锡矿床。

(2)**珊瑚钨锡矿**。珊瑚钨锡矿床位于广西东北部,东西向南岭成矿带与北东向钦杭成矿带的交会部位,矿区东起石墨冲,西至金盆地,南起大冲山,北至凤尾村,面积约 80km²。

该矿床的找矿勘查工作始于 20 世纪 30 年代,50 年代以来,广西 204 队对珊瑚矿区长营岭石英脉型钨锡矿床进行了地表和深部评价工作,并提交了储量总结报告,获得 WO_3 储量约 $11.9 \times 10^4 t$、锡储量约 $4 \times 10^4 t$,此外,广西 204 队、275 队、425 队和珊瑚矿山等单位对该矿区内的杉木冲锑矿床(点)、八步岭—九华一带的含钨石英角砾脉矿床(点)及盐田岭锡石硫化物矿床也先后进行了普查评价工作;危机矿山接替资源勘查项目执行以来,该矿床找矿取得了重大突破,"广西钟山县珊瑚钨锡矿接替资源勘查"项目探获新增资源量:WO_3 金属量约 $10.8 \times 10^4 t$,锡金属量约 $2.6 \times 10^4 t$,预计该区潜在钨锡金属量大于 $20 \times 10^4 t$,表明其还具有极大的找矿潜力。矿区内地表出露的侵入岩仅有盐田岭花岗岩岩株,据地、物、化综合资料推断,在长营岭和松宫两处的深部存在隐伏花岗岩体。盐田岭花岗岩岩株出露于矿区西部葫芦岭背斜的南翼,距珊瑚矿床约 4km,岩体在剖面上呈上大下小的蘑菇状,上部为具强烈云英岩化细—中粒花岗岩,向下变为钠长花岗岩,深部过渡为白云母碱长花岗岩。岩石中 W、Sn 等成矿元素均远高于华南花岗岩,与该区钨锡矿的形成具有密切成因联系。矿石类型主要有长营岭钨锡石英脉、杉木冲-龙门冲钨锑萤石石英脉和八步岭 旗岭含钨石英角砾脉型,其中长营岭石英脉型钨锡矿段由脉状矿体组成,矿脉多达 700 余条,其中工业矿脉有 200 多条,构成长 2.5km、宽 0.6～1km 的矿化范围。金属矿物主要为黑钨矿、锡石、白钨矿、毒砂、闪锌矿,次为黄铜矿、黄铁矿、磁黄铁矿、白铁矿等,非金属矿物主要为石英、白云母、萤石、方解石、白云石、黄玉等。综合研究认为,该矿床为成矿带内燕山晚期(约 100Ma)典型的热液石英脉型钨锡矿床之一。

▲ 珊瑚钨锡矿区含钨锡石英脉标本照片

二、稀土

1. 概述

稀土是指化学元素周期表中镧系元素[镧(La)、铈(Ce)、镨(Pr)、钕(Nd)、钷(Pm)、钐(Sm)、铕(Eu)、钆(Gd)、铽(Tb)、镝(Dy)、钬(Ho)、铒(Er)、铥(Tm)、镱(Yb)、镥(Lu)〕、钪(Sc)和钇(Y)]的总称。根据稀土元素原子电子层结

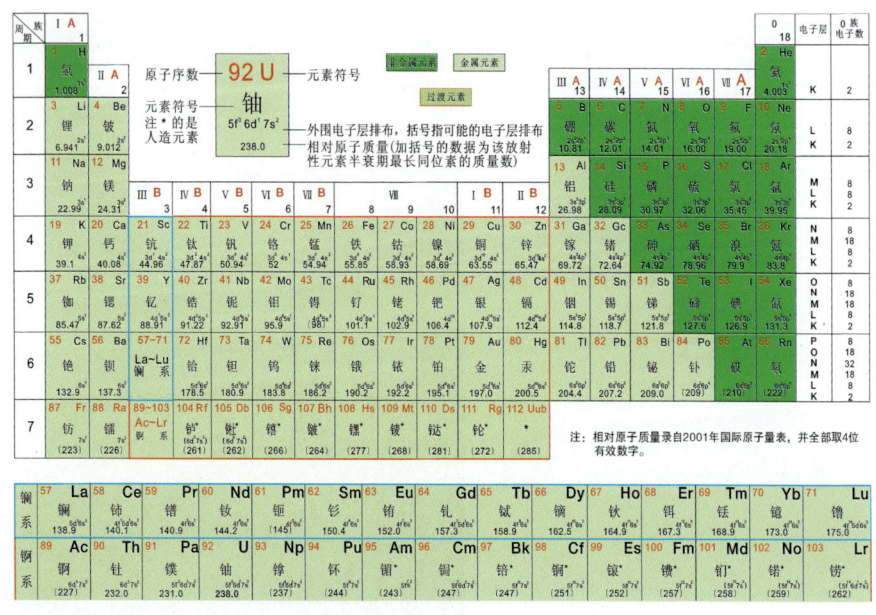

▲稀土元素在元素周期表中的位置

构和物理化学性质,以及它们在矿物中共生情况和不同的离子半径可产生不同性质的特征,通常分为两组:轻稀土(镧、铈、镨、钕、钷、钐、铕)和重稀土(铽、镝、钬、铒、铥、镱、镥、钇、钪)。稀土的发现始于18世纪末,当时人们把不溶于水的固体氧化物称之为土,虽然稀土在自然界储量巨大,但由于稀土一般是以氧化物状态分离出来的,其冶炼提纯难度较大,显得较为稀少,因此得名稀土。17种稀土元素并不是在同一时间被发现的,从1794年第一个稀土元素"钇"被发现,到1947年最后一个稀土元素"钷"被发现,整整经历了153年。

2. 价值与用途

稀土元素被誉为"工业味精""工业维生素"和"新材料之母",是珍贵的战略金属资源,具有无法取代的优异磁、光、电性能。由于稀土作用大,用量少,已成为改进产品结构、提高科技含量、促进行业技术进步的重要元素，被广泛应用到了冶金、军事、石油化工、玻璃陶瓷、农业和新材料等领域。

(1) 冶金工业：稀土在冶金领域应用已有 30 多年的历史,稀土金属或氟化物、硅化物加入钢中,能起到精炼、脱硫、中和低熔点有害杂质的作用;稀土金属添加至镁、铝、铜、锌、镍等有色合金中,可以改善合金的物理化学性能,并提高合金室温及高温机械性能。

(2) 军事：大幅度提高用于制造坦克、飞机、导弹的钢材、铝合金、镁合金、钛合金的战术性能,而且,稀土同样是电子、激光、核工业、超导等诸多高科技的润滑剂,稀土科技一旦用于军事,必然带来军事科技的跃升,从一定意义上说,美军在冷战后几次局部战争中的压倒性控制,正缘于稀土科技领域的超人一等。

(3) 石油化工：用稀土制成的分子筛催化剂,具有活性高、选择性好、抗重金属中毒能力强的优点,因而取代了硅酸铝催化剂用于石油催化裂化过程。

(4) 农业：稀土元素可以提高植物的叶绿素含量,增强光合作用,促进根系发育,增加根系对养分的吸收。

3. 矿产地

稀土主要以独居石、氟碳铈矿、磷钇矿等矿物形式分布在中国、俄罗斯、美国、印度、澳大利亚、马来西亚、加拿大、南非、巴西、埃及等国。中国是世界稀土资源储量大国,不但储量丰富,且矿种和稀土元素齐全、稀土品位高。中

▲ 自然界中的稀土矿

国稀土资源成矿条件十分有利、矿床类型单一、分布面广而又相对集中。截至目前为止,全国已发现上千处矿床(点),除内蒙古自治区包头的白云鄂博、江西赣南、广东粤北、四川凉山为稀土资源集中分布区外,山东、湖南、广西、云南、贵州、福建、浙江、湖北、河南、山西、辽宁、陕西、新疆等省区亦有稀土矿床发现,且形成北、南、东、西的分布格局,具有北轻(轻稀土)南重(重稀土)的特点。

钦杭成矿带(西段)稀土矿以离子吸附型为主,离子吸附型稀土矿床于20世纪60年代末首次在江西省龙南县被发现,目前该类型矿床主要集中在江西、湖南、广东、广西和福建等地,其稀土元素大部分呈交换性阳离子状态赋存于风化壳黏土中。离子吸附型稀土矿床具有资源潜力巨大、开采成本低、矿山生产周期短的优点,是中国极其重要且全球罕见的稀土矿床类型,具有极大的经济价值和研究意义。成矿带内该类型矿床主要分布在广西、海南等地,与花岗岩关联密切,主要分布在大东山岩体、姑婆山岩体、诸广山岩体及海南琼西地区花岗岩体中。以下就以广西姑婆山地区稀土矿为例作简要叙述。

广西姑婆山地区有大—中型矿床近十处,小型矿床(矿点)数十处,是重要的稀土成矿区,成矿与姑婆山复式岩体密切相关,姑婆山复式岩体地跨广西贺州市与湖南省江华县,出露面积超过 600km²,遥感图上呈现清晰的环状影像,发育大量的侵位断裂,并为后期不同类型的岩脉充填;姑婆山花岗岩明显富碱、贫钙、低铝、高铁/镁比值和富 Ga、Nb、Zr、Ce 和 Y 等元素;姑婆山地区气候温暖潮湿,风化壳发育并保存完好,该地区风化壳自上而下划分为表土层、全风化层、半风化层、微风化层四个部分,稀土元素主要富集在全风化层的中下部和半风化层的上部,总体而言,该地区矿床是开放系统中多次、多阶段的地质作用产物,其分布规律受成矿母岩(内生作用)和风化过程(外生作用)的共同控制。

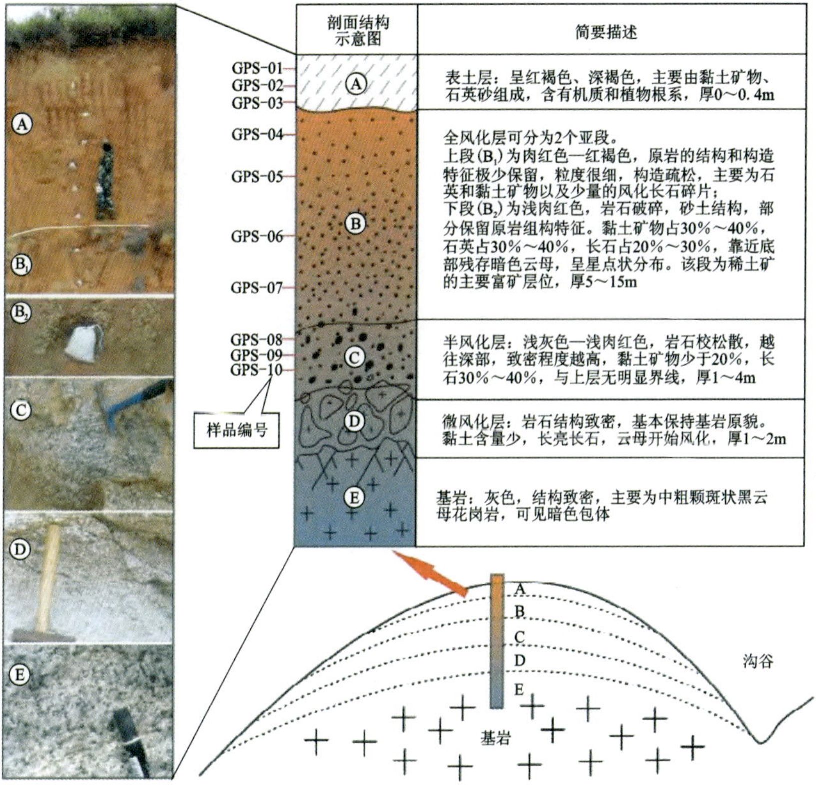

▲ 姑婆山地区稀土矿风化壳剖面结构示意图

三、稀有(铌、钽)

1. 概述

稀有金属,通常指在自然界中含量较少或分布稀散的金属,主要包括锂、铷、铯、铌、钽、铍、锆、铪等,下面重点介绍铌、钽。

▲ 自然界中铌铁矿(左)和主要含钽矿物(右)

铌化学符号 Nb,原子序数 41,在地壳中的含量为 0.002%,1801 年英国化学家查理斯·哈契特从铌铁矿中分离出一种新元素的氧化物,是一种带光泽的灰色金属,具有顺磁性,高纯度铌金属的延展性较高。

钽元素符号为 Ta,原子序数为 73,在地壳中的含量为 0.0002%,是仅次于钨、铼的第三个最难熔的金属,主要赋存在钽铁矿中,与铌共生,钽具有非常出色的化学性质,具有极高的抗腐蚀性。

2. 价值与用途

铌具有良好的超导性、熔点高、耐腐蚀、耐磨等特点,被广泛应用到钢铁、超导材料、航空航天、原子能、电子、医疗及化工等领域。世界 85%~90% 的铌以铌铁形式用于钢铁生产,钢中只需加入 0.03%~0.05% 的铌便可使钢的屈服强度提高 30% 以上,同时其还可以提高钢的韧性、抗高温氧化性和耐蚀性,降低钢的脆性转变温度,使钢具有良好的焊接性能和成型性能;航空航天行业是高纯铌的主要应用领域,主要用于生产火箭、飞船的发动机和耐热部件,铌和钽的热强合金具有良好热强性能、抗热性能和加工性能,广泛用于制造航空发动机的零部件、燃气轮机的叶片。

钽具有熔点高、蒸气压低、冷加工性能好、化学稳定性高、抗液态金

属腐蚀能力强、表面氧化膜介电常数大等一系列优异性能,在电子、冶金、钢铁、化工、硬质合金、原子能、超导技术、汽车电子、航空航天、医疗卫生和科学研究等高新技术领域有重要应用,是一种用途极其广泛的功能材料。

3. 矿产地

铌主要矿物有铌铁矿、烧绿石、黑稀金矿、褐钇铌矿、钽铁矿和钛铌钙铈矿。巴西的铌矿资源储量居世界首位,其次是加拿大,此外,澳大利亚、中国、埃塞俄比亚、尼日利亚、俄罗斯、美国等国也有分布。

钽在自然界中常与铌共存,具有工业价值的钽的主要矿物有钽铁矿、重钽铁矿、细晶石和黑稀金矿等。全球已探明钽资源主要分布在澳大利亚和巴西两国,我国最著名的铌钽矿为江西宜春钽矿。

钦杭成矿带(西段)中的铌钽矿以硬岩型(花岗伟晶岩型和花岗岩型)为主,主要分布在湖南茶陵县、广东德庆县、广东广宁县、广西恭城县等地,下面以栗木铌钽锡矿(华南重要的铌钽钨锡矿床之一)为例作简要介绍。

栗木矿区位于广西壮族自治区恭城县栗木镇境内,主要产锡、钽、铌、钨,自20世纪50年代发现以来,广西270地质队、271地质队对其的找矿勘查评价做出了巨大贡献。该矿床主要含矿岩体为花岗岩,大部分为隐伏岩体,沿南北向断裂或南北向与北东向断裂交汇部位侵入,呈岩株形式产出,出露面积约为$1.5km^2$,据钻孔资料显示,深部侧隐岩体的面积为$8km^2$左右。含矿岩体在垂向上表现为由岩体的深部向顶部,锡、铌、钽的含量由低到高,且锡、钽的增幅大于铌,矿体均位于含矿岩体的顶部。目前矿内发现具有工业意义的矿床类型主要包括花岗岩型铌钽钨锡矿床、石英脉型钨锡矿床、长石石英脉型锡钨矿床和花岗伟晶岩脉型钽铌矿床4种,金属矿物主要为锡石、铌钽锰矿,其次有细晶石、钽金红石、黑钨矿、黝锡矿、胶态锡石、毒砂、黄铁矿和磁黄铁矿等。

四、铁

1. 概述

人类最早发现铁是从天空落下的陨石,陨石中含铁 90.85%,是铁和镍、钴的混合物,其元素符号为 Fe,原子序数 26,纯铁是白色或者银白色的,有金属光泽。铁在生活中分布较广,占地壳含量的 4.75%,仅次于氧、硅、铝,位居地壳含量第四。铁是世界上发现最早、利用最广、用量也是最多的一种金属,其消耗量约占金属总消耗量的 95% 左右,铁矿物种类繁多,已发现的铁矿物和含铁矿物约 300 余种,其中常见的有 170 余种,但在当前技术条件下,具有工业利用价值的主要是磁铁矿、赤铁矿、菱铁矿、黄铁矿、褐铁矿、钛铁矿等。

▲自然界磁铁矿晶体

▲磁铁矿致密块状集合体

(1) 磁铁矿:主要成分为 Fe_3O_4,即四氧化三铁,单晶体常呈八面体,集合体多呈致密块状和粒状,颜色为铁黑色、条痕为黑色,半金属光泽,不透明,硬度 5.5~6.5,密度 4.9~5.2g/cm³,具强磁性。

(2) 赤铁矿:中国古称"代赭",化学成分为 Fe_2O_3,颜色呈红褐、钢灰至铁黑等色,条痕均为樱红色。单晶体常呈菱面体和板状,集合体形态多

▲ 自然界致密块状赤铁矿

▲ 镜铁矿

样,有片状、鳞片状、粒状、鲕状、肾状、土状、致密块状等,不同形态的集合体,会形成一些赤铁矿亚种,如铁黑色、金属光泽的片状赤铁矿集合体称为镜铁矿,灰色、金属光泽的鳞片状赤铁矿集合体称为云母赤铁矿,中国古称"云子铁",呈鲕状或肾状的赤铁矿称为鲕状或肾状赤铁矿。

(3) **菱铁矿**:主要成分为$FeCO_3$,是一种分布比较广泛的矿物,当菱铁矿中的杂质不多时可以作为铁矿石来提炼铁,常见菱面体,晶面常弯曲,其集合体一般粒状、致密块状、球状、凝胶状,亦有呈结核状、葡萄状、土状者,颜色一般为灰白或黄白,风化后可变成褐色或褐黑色等。

(4) **黄铁矿**:黄铁矿(FeS_2)因其呈浅黄铜色和明亮的金属光泽,常被误认为是黄金,故又称为"愚人金",常有完好的晶形,呈立方体、八面体、五角十二面体及其聚形,立方体晶面上有与晶棱平行的条纹,各晶面上的条纹相互垂直。集合体呈致密块状、粒状或结核状。黄铁矿在氧化带不稳

▲ 新鲜菱铁矿标本

▲ 风化后的菱铁矿标本

定，易分解形成氢氧化铁如针铁矿等，经脱水作用，可形成稳定的褐铁矿，这种作用常在金属矿床氧化带的地表露头部分形成褐铁矿或针铁矿、纤铁矿等覆盖于矿体之上，故称"铁帽"。

2. 价值与用途

由于铁本身具有良好的延展性、导电、导热性能和磁性而被广泛应用于军事、工业、农业等方面。比如军事方面，人类使用铁器制品至少有 5000 多年历史，开始是用铁陨石中的天然铁制成铁器，目前中国最早的陨铁文物是 1972 年在河北藁城台西村商代中期遗址中发现的铁刃青铜钺，那时人们还不会利用铁矿石炼铁，而铁陨石又很少，所以当时的铁制品是十分珍贵的物品；工业方面，铁主要用于钢铁冶炼，此外，还用于合成氨的催化剂（纯磁铁矿）。

▲ 自然界中立方体黄铁矿

◀ 黄铁矿粒状集合体

3. 矿产地

我国铁矿资源丰富,铁矿储量位居世界第四位,仅次于澳大利亚、巴西和俄罗斯,但是我国铁矿资源多而不富,以中低品位矿为主,平均品位仅为31.3%。我国铁矿床类型繁多,其中前寒武纪沉积变质型铁矿是最重要的矿床类型,占全国总查明资源储量55%以上,该类型矿床集中分布在华北地区,鞍山—本溪、密怀—冀东、五台—吕梁等矿集区尤为集中,其次分布在华南地区和新疆西昆仑地区;从矿物种类来看,以磁铁矿为主,钛-钒磁铁矿和赤铁矿为次。

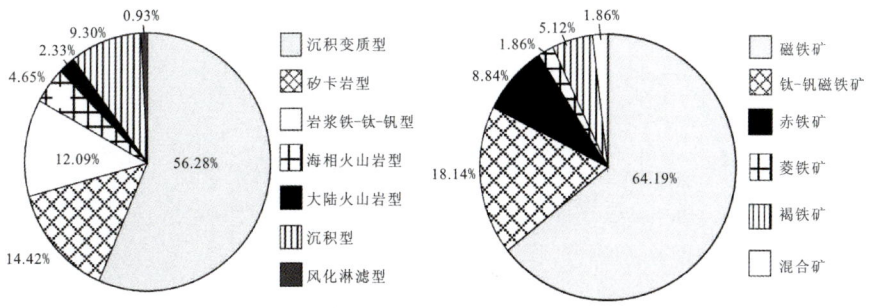

▲ 我国铁矿床类型占有比例(左)和矿物种类比例分布图(右)

4. 海南石碌铁矿

钦杭成矿带（西段）内铁矿遍布，矿物种类以磁铁矿、赤铁矿和黄铁矿为主。历史久远且负盛名的则数海南石碌铁矿和广东云浮硫铁矿，下面以石碌铁矿为例进行简要描述。

(1) 发展简史：石碌铁矿位于海南省西部昌江石碌镇南约 3km 的金牛岭山麓，矿区总面积约 50km²。"石碌"一名的起源，可以追溯到清乾隆年间，在此大山地表发现了铜矿（孔雀石），故改称"石碌岭"，因石碌铁矿地处境内，故名。石碌铁矿自古代民间手工开采至今约有三四百年的历史了，1939 年日本侵略者侵占海南后，强征几万民工，对石碌铁矿进行疯狂掠夺性开发，把 50 多万吨的富铁矿石运往日本，日本侵略者投降后，国民党政府接收矿山，他们不但没有恢复生产，反而变卖机器设备，铁矿区萋萋荒草一片，1950 年 5 月海南岛解放，同年 10 月，中南军政委员会工业部组织人力对石碌矿山进行修复，并恢复生产。

(2) 矿床概况：石碌铁矿体主要赋存在中—新元古代石碌群（第六层），岩性主要为白云岩和透辉透闪石岩，该矿床是以铁矿（主要是赤铁矿，少为磁铁矿）为主，共生或者伴生有钴、铜、镍、铅锌、银（金）等多金属和白云岩、重晶石、石膏、硫等非金属矿产的大型—超大型矿床，曾誉为"亚洲最大的富铁矿"。目前发现铁矿体

▲ 石碌矿山全景（上）和条带状铁矿石（下）

38个、钴矿体17个、铜矿体41个,所探明的铁矿石储量达 4.17×10^{8}t 以上(最高品位可达69%以上,平均品位51.15%)、钴矿石储量约 407×10^{4}t(最高品位达1.1%以上,平均品位0.294%)、铜矿石储量约 665×10^{4}t(最高品位可达18%以上,平均品位1.18%),镍、银、铅、锌等也具有一定规模,矿石主要呈块状、浸染状、条带状构造。目前,像石碌铁矿这样规模如此大、品位如此高、共生或者伴生有用组分如此多且以富赤铁矿为主的铁矿床,在国内甚至国外都鲜有报道。

五、铜钼

1. 概述

铜是人类最早发现的金属之一,也是人类最早开始使用的金属,考古学家在伊拉克北部发掘的由自然铜制造的铜珠,据推测已超过1万年,元素符号是Cu,原子序数29,是一种呈紫红色光泽的金属。自然界中,铜主要以三种形式产出,即自然铜(纯铜)、铜的硫化物(黄铜矿、辉铜矿、斑铜矿、黝铜矿、砷黝铜矿)及蓝铜矿、铜绿等铜的碳酸盐。自然铜是柔软的金属,表面刚切开时为红橙色带金属光泽,单质呈紫红色;黄铜矿多呈不规则粒状及致密块状集合体,也有肾状、葡萄状集合体,铜黄色,常有暗黄或斑状锈色;辉铜矿以其暗铅灰色、低硬度和弱延展性区别于其他含铜硫化物;斑铜矿是铜和铁的硫化物矿物,表面易氧化呈蓝紫斑状的锈色;黝铜矿和砷黝铜矿呈钢灰至铁黑色,半金属光泽;蓝铜矿是含铜的碳酸盐矿物,有绿、孔雀绿、暗绿色等;铜绿为铜器表面经二氧化碳或醋酸作用后生成的绿色碱式碳酸铜。

虽然钼是在18世纪后期被人们发现的,但在钼被发现之前,就已经被人们使用,如14世纪,日本使用含钼的钢制造马刀,16世纪,辉钼矿因为与铅、方铅矿及石墨的外观和性质都很相似,被人们当作石墨使用。元素符号是Mo,原子序数42,作为一种过渡元素,极易改变其氧化状态,钼离子的颜色也会随着氧化状态的改变而改变,钼是人体及动植物所必需的微量元素,对人以及动植物的生长、发育、遗传起着重要作用。

钼矿石可主要划分为以下几类:单一钼矿石、铜钼矿石、钒铀钼矿石和碳质铜钼矿石等。

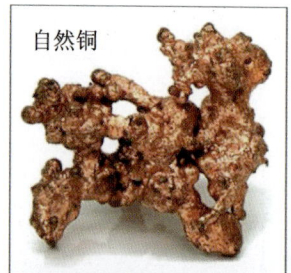

▲自然界中铜的主要产出形式

▲自然界中钼矿

▲ 矿山岩芯中发育的铜钼矿化

2. 价值与用途

铜是与人类关系非常密切的有色金属,不仅在自然界资源丰富且具有较优良的导电性、导热性、延展性、耐腐蚀性、耐磨性等优良性质,被广泛地应用于电力、电子、能源及石化、机械及冶金、交通、轻工、新兴产业等领域,在我国有色金属材料的消费中仅次于铝。

钼具有高强度、高熔点、耐腐蚀、耐磨研等优点,被广泛应用于钢铁、石油、化工、电气和电子技术、医药和农业等领域。钼在钢铁工业(合金领域)中的应用居首要地位,占钼总消耗量的80%左右,其次是化工领域,约占10%,此外,钼也被用于电气和电子技术、医药和农业等领域,约占总消耗量的10%。

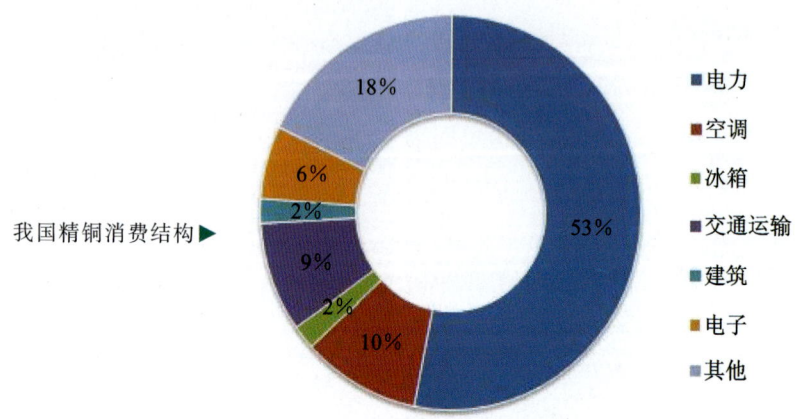

我国精铜消费结构 ▶

3. 矿产地

世界铜资源主要分布在北美、拉丁美洲和中非三地,主要集中在智利、美国、赞比亚、俄罗斯和秘鲁等国,其中智利是世界上铜资源最丰富的国家。中国铜生产地集中在华东地区,该地区铜生产量占全国总产量的50%以上,其次云南省、内蒙古自治区也是我国铜矿主要产区。

铜是钦杭成矿带(西段)的主要优势矿产之一,钼矿常与其共生或者伴生。区内由西往东可划分出3条北北东向铜成矿亚带,即浏阳－衡阳－道县－金秀－贵港成矿带,主要为铜钼型(如七宝山、水口山)和铜钨型(铜山岭)矿床;郴州－怀集－博白成矿带,矿床成矿元素比较复杂,有铜钼型(如园珠顶)、铜钨型(如宝山、大坊)和锡铜型(如野鸡尾、绿紫坳);南雄－四会－吴川成矿带,矿床成矿元素也比较复杂,有铜钨型(如大宝山),铜钼型(如天堂、石菉)和锡铜型(如崩坑、十二排)。下面以广东地区近年新发现的大型斑岩型铜钼矿床－园珠顶铜钼矿为例作简要介绍。

(1) 园珠顶铜钼矿发现简史:起初封开县园珠顶地区曾有铜多金属矿化线索和化探异常显示,1980年,广东省地质局719队在此开展过铜多金属普查工作,因当时矿业市场和资金因素影响,未能对本区深入工作;

2005年,719地质大队地质技术人员,开展了园珠顶矿区 9.41km² 的普查找矿工作,在一条简易公路的边坡上,发现了半风化铁锈般浅变质的细砂岩—粉砂岩露头,其中见到了明显的钼矿化,随后的地质填图、槽探和钻探工作,发现钼矿化受斑岩体外接触带控制,钼矿化为细脉浸染型,围绕斑岩体呈环状、面状分布,认为属于斑岩型钼矿,初步判断规模可达中—大型;2006年,园珠顶矿区的勘查工作进入详查阶段,随着深部钻探揭露的持续进行,铜钼矿化深度达 300m 以上;2007—2008年,719地质大队又开展了圆珠顶矿区铜钼矿的勘探工作,勘探面积 2.88km²,最终确定了矿床的现有矿石储量。2011年,广东省封开县政府和肇庆市升华物业发展有限公司签约,共同开发圆珠顶铜钼矿,项目总投资 19.4 亿元,露天开采。

(2)矿床概况:园珠顶铜钼矿处于粤桂两省交界的广东省封开县城江口镇,海拔 500 多米,是地质大调查以来新发现的一个大型斑岩型铜钼矿床,目前已探明的矿床矿石总

▲ 园珠顶铜钼矿区地质简图

量 5.7×10^{8}t，铜 98×10^{4}t，钼 26×10^{4}t，伴生银 478t。矿床产于燕山期（约 155Ma）园珠顶二长花岗斑岩株外接触带寒武系浅变质复理石砂页岩建造中。矿区内为一个铜钼矿体，分布于斑岩体外接触带，平面上呈近南北向椭圆形环状，垂直方向上呈筒状围绕着岩体，由接触带向外钼矿逐渐过渡为铜矿，从岩体接触带向外，200m 范围内以钼为主，200～400m 范围内以铜为主，矿体与近矿围岩之间无明显界线。矿石中矿物成分较复杂，矿石原岩经轻度区域变质及受到多期次的热液蚀变叠加，种类繁多，但矿石矿物相对简单，只有辉钼矿、黄铜矿、黄铁矿。

六、铅锌

1. 概述

铅是人类最早使用的金属之一，人类在 7000 年前就已经认识到铅了，公元前 3000 年，已经会从矿石中熔炼铅，我国二里头文化的青铜器中也发现加入铅为合金元素，并在整个青铜时代与锡一起，构成了中国古代青铜器最主要的合金元素，元素符号 Pb，原子序数 82，是一种略带蓝色的银白色金属，但是在空气中很容易被氧化，形成灰黑色的氧化铅，所以我们

▲自然界中的方铅矿

看到的铅通常是灰色的。铅的化合物多种多样，其中以硫化铅最为常见，

同时也有氧化铅（又称黄丹、密陀僧）、四氧化三铅(又称红丹)、二氧化铅、三氧化二铅、硫酸铅、铬酸铅（又称铬黄）等。其中硫化铅（方铅矿）是一种比较常见的矿物，常呈立方体的晶形，集合体通常为粒状或致密块状，铅灰色，条痕灰黑色，金属光泽，中国古称"草节铅"。

锌是人类自远古时就知道其化合物的元素之一，世界上最早发现并使用锌的国家是中国，锌的英文名称 Zinc 和化学符号 Zn 来源于拉丁文 Zincum，意思是"白色薄层"或"白色沉积物"，在古代最先被人们所利用的是锌矿石和铜熔化制得的合金——黄铜。锌是自然界中资源分布较广的金属元素，多以硫化物状态存在，主要含锌矿物是闪锌矿，自然界中，铅和锌多共生出现，成铅锌矿。

2. 价值与用途

铅具有良好的延展性、抗腐蚀性，易与其他金属制成性能优良的合金，广泛应用于蓄电池、电缆护套、机械制造业、船舶制造、轻工、氧化铅、射线防护等行业。比如蓄电池行业是铅的重要消费行业，其中汽车用蓄电池占蓄电池总量

▲自然界中的闪锌矿

的80%左右,蓄电池的负极和正极分别是用金属铅和其化合物二氧化铅制成。同时铅对生态环境和人体健康也有一定的危害性,千万不要轻信网上各种所谓的排铅口服液,我们首先要明白一点,铅进入人体后是十分难排出的,尤其是儿童,造成的伤害是不可逆的。

锌具有良好的压延性、耐磨性、抗腐蚀性、铸造性,能与多种金属制

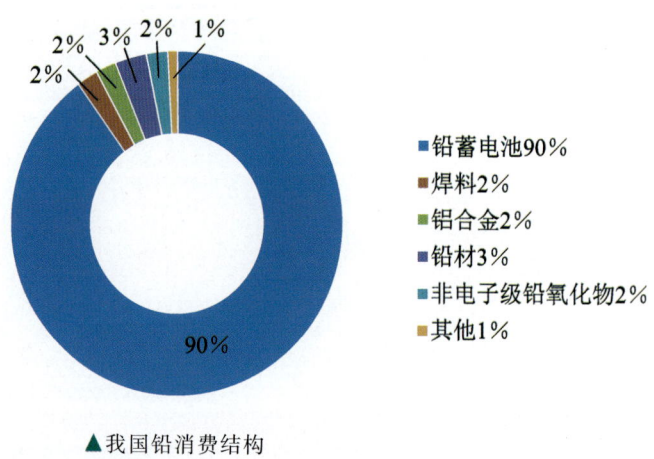

▲我国铅消费结构

成性能优良的合金,主要以镀锌、锌基合金、氧化锌的形式广泛应用于汽车、建筑、家用电器、船舶、轻工、机械、电池等行业,目前,在有色金属消费中仅次于铜和铝。

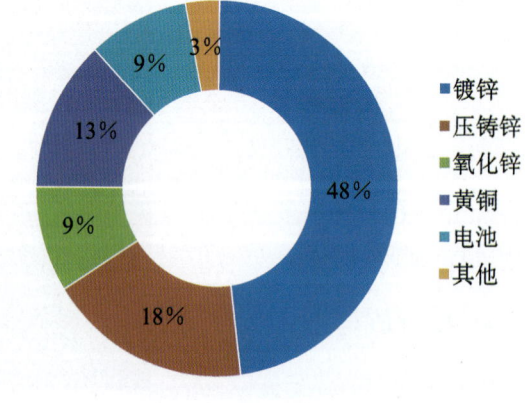

▲我国锌消费结构

3. 矿产地

世界上铅储量较多的国家有澳大利亚、中国、俄罗斯、美国、秘鲁和墨西哥，占全世界储量的85%以上。从储量分布来看，内蒙古自治区白音诺尔、云南兰坪金顶、湖南水口山、广东凡口、甘肃西河和成县是中国主要的铅锌资源分布地，其储量都超过$100 \times 10^4 t$，现已形成东北、湖南、两广、滇川、西北五大铅锌采选冶和加工配套的生产基地。

世界上锌储量较多的国家有中国、澳大利亚、美国、加拿大、哈萨克斯坦等，其中澳大利亚、中国、美国和哈萨克斯坦的矿石储量占世界锌储量的54%左右。我国锌资源主要集中在云南、广西、广东、湖南、内蒙古、江西6个省区，而云南又主要集中在个旧，广西集中在南丹大厂。

铅锌也是钦杭成矿带（西段）内重要的优势矿种，集中分布于湘（湖南）东北桃林、湘南水口山、黄沙坪、东坡、桂东大瑶山及其周缘等地区。下面以广西岑溪市的佛子冲铅锌矿为例作简要介绍。

佛子冲铅锌矿床位于广西岑溪市北东约50km处，已探明的铅锌和银储量均达到大型规模，该矿床是华南地区目前所发现的唯一产在奥陶系—志留系中的大型铅锌多金属矿床，历史起源较早，自20世纪50年代以来，先后有多个地勘单位及研究院分别开展勘查及研究工作，探明的储量一再递增，1966年就设立了佛子冲铅锌矿（矿山企业），年产金属量曾一度达到$2.1 \times 10^4 t$，2005年也曾一度被国土资源部列为危机矿山。

矿区出露地层主要为奥陶系、志留系碎屑岩，大多数矿体与层状矽卡岩一起产于条带状钙质粉砂岩和灰岩中，条带状岩石本身就是赋矿的直接围岩，总体呈北北东向展布，从北东至南西依次分布有六塘、石门－刀支口、大罗坪、水滴、勒寨－午龙岗、牛卫、龙湾7个矿段，矿体大致可分为层状—似层状矿体、不规则状矿体和脉状矿体三种类型，其中层状—似层状矿体是最主要的矿体类型，矿体产状与地层一致，厚度变化不大，一般1～4m，最厚17m，矿体层数较多，常有3～6层，多者十余层，大致平行排列，单个矿体延长一般200～500m，最大700m；延深一般200～300m，最大延深400m；矿体赋存标高一般200～300m，最高450m。矿物有数十种之多，金属矿物主要有闪锌矿、方铅矿、黄铁矿、磁黄铁矿、毒砂、白铁矿、胶状黄铁矿、黄铜矿、磁铁矿等。矿石结构构造十分复杂，常见的结构有自形—半自形及他形粒状结构、包含结构、固溶体分离结构、交代残余结构、交代溶蚀结构等，常见的构造有块状构造、浸染状构造、条带状构造、纹层状构造、脉状构造、角砾状构造、晶洞状构造等。

▲佛子冲矿区矿石及围岩构造特征

a.纹层状矿石；b.层状矿石；c.层状矽卡岩；d.团块状大理岩

七、金

1. 概述

金在史前时期已经被认知及高度重视，它可能是人类最早使用的金属，被用于装饰及仪式，早在公元前2600年的埃及象形文字中已经有金的描述，米坦尼国王图什拉塔称金在埃及"比泥土还多"。化学元素符号Au，是一种软的、金黄色的、抗腐蚀的贵金属。金的单质通称黄金，是一种广受欢迎的贵金属。在自然界中，金以单质的形式出现在岩石中的金块或金粒、地下矿脉及冲积层中。天然金中通常会有8%～10%的银，而银含量超过20%称为银金，当银含量上升时，物件的颜色会变得较白及较轻。

金单质又主要可以分为黄金、生金、矿金、熟金。日常生活中，人们最常接触的是熟金，是生金经过冶炼、提纯后的黄金，一般纯度较高，密度较大，有的可以直接用于工业

▲自然界中的金矿石

生产,常见的有金条、块、锭和各种不同的饰品、器皿、金币以及工业用的金丝、片等。由于用途不同,所需成色不一,或因没有提纯设备,而只熔化未提纯,或提的纯度不够,形成成色高低不一的黄金。人们习惯上根据成色的高低分为纯金、赤金、色金三种,按含金量不同分为清色金、混色金、k金。

2. 价值与用途

由于其稀有性,黄金历来是财富的象征和资产配置的重要组成部分。在动荡时期,黄金是安身立命的最佳选择;在通货膨胀时期,黄金能有效保值。因此,世界各国都将其作为一种重要的战略资源储备。19世纪之前黄金的发现和开采非常少,19世纪之后一系列金矿的发现使得黄金产量得到了大幅度的提高,2016年全球产金3255t,连续7年创新高。2016年,我国累计生产黄金453t,连续10年居世界第一,同时我国也是黄金消费大国,2016年全国黄金消费975t,连续4年成为世界第一的黄金消费国。

由于金延展性好、密度高、柔软、光亮、抗腐蚀的特性,使其在社会上有广泛的用途,不仅是用于储备和投资的特殊通货,同时又是首饰业、电子业、现代通讯和航天航空等部门的重要材料。比如在国际储备上,由于黄金的优良特性,历史上黄金充当货币的职能,如价值尺度、流通手段、储藏手段、支付手段和世界货币;由于较稀有,色泽艳丽,长期以来被广泛用作珠宝首饰;工业应用,在金的合金中具有各种触媒性质,金还有良好的工艺性,极易加工成超薄金箔、微米金丝和金粉,金很容易镀到其他金属和陶器及玻璃的表面上,在一定压力下金容易被熔焊和锻焊,金可制成超导体与有机金等。

3. 矿产地

金矿主要分布于南非、加拿大、美国、津巴布韦、中国、菲律宾、澳大利亚等国,目前中国是全世界最大的产金国。

中国各省市区除上海外,都有金矿分布,我国主要黄金产区有四处,即胶东半岛、小秦岭地区、滇黔桂金三角及西北几省(新疆、青海、四川等省),其中,山东的金产量占据我国黄金生产的大部分,如今仍有较大的发展潜力,除了几个主要的黄金产区,其他省区如海南、江西、福建、湖北、辽宁、西藏等,亦为我国的重要黄金生产地。

金是钦杭成矿带(西段)内重要的优势矿种之一,可划分出3条金成矿带,并与铜成矿带的分布大体一致或处于其旁侧,均受区域深大断裂控制,湘东北、湘中、粤西—桂东及琼西地区是区内最重要的金(银)矿集中区,重要的金矿包括河台、抱伦、金昌、正冲、黄泥坑、庞西峒等。下面就以海南岛的抱伦金矿为例进行简要介绍。

抱伦金矿位于海南省乐东县县城南西约19km处,为"九五"期间(1992年)发现的大型金矿床,且随着勘查工作的深入,矿床规模逐步扩大,目前已探获资源量109.9t,平均品位达到10.3g/t,是海南省最大的高品位金矿床。该矿床处于华南褶皱系五指山褶皱带的西南部乐东盆地边缘,东西向九所－陵水深大断裂与尖峰岭－吊罗山深大断裂之间,矿体主要分布于豪岗岭一带,目前已圈定矿体21个,由含金石英脉和含金蚀变岩组成,含金石英脉与围岩的界线清楚,含金蚀变岩与围岩(千枚岩)的界线不清,呈渐变过渡关系,主要靠品位圈定。矿体多呈脉状、似透镜状、透镜状,产状与含矿破碎带基本一致,走向一般为325°～355°,倾向南西西,局部北东东,倾角65°～88°。我国金矿的开采主要分为露天开采和地下

▲抱伦金矿矿洞(左)和矿洞中含金石英脉(右)

开采两种,目前抱伦金矿以地下开采为主。

矿石类型以含金石英脉型为主,次为含金蚀变岩型。矿石中主要金属矿物为黄铁矿、磁黄铁矿、自然金,次为毒砂、含镍黄铁矿、黄铜矿、闪锌矿、方铅矿、自然铋、黑铋金矿、硫金铋矿等。金的赋存状态以金的独立矿物自然金为主,次为金的铋化物黑铋金矿和金的硫化物硫金铋矿,自然金的形态有树板状、乳滴状、椭圆状、浑圆状等,自然金的粒度相对较粗,其中巨、中粒金占 34.4%,细粒金占 17.5%,显微金占 48.1%,此外,还有微量金以类质同象或以混合物的形式存在于其他载金矿物中。

 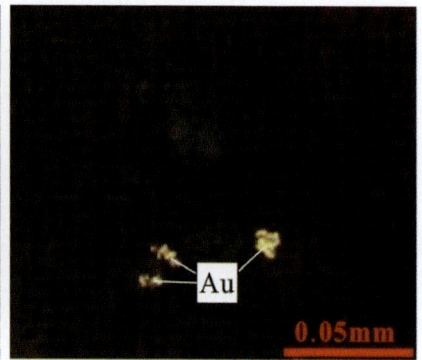

▲ 抱伦金矿含金石英脉标本(左)和显微镜下照片(右)

主要参考文献

陈雪峰, 刘希军, 许继峰, 等. 桂西那坡基性岩地球化学:峨眉山地幔柱与古特提斯俯冲相互作用的证据[J]. 大地构造与成矿学, 2016, 40(3): 531-548.

高林志, 尹崇玉, 张恒, 等. 云南晋宁地区柳坝塘组凝灰岩 SHRIMP 锆石 U-Pb 年龄及其对晋宁运动的制约[J]. 地质通报, 2015, 34(9): 1595-1604.

胡军. 西昆仑大红柳滩铁矿床成矿时代、动力学背景及成因研究[D]. 广州:中国科学院广州地球化学研究所(广州)博士学位论文, 2015.

胡升奇, 朱强, 张先进. 广东园珠顶铜钼矿床花岗斑岩年代学、地球化学特征及锆石 Hf 同位素[J]. 矿床地质, 2013, 32(6):1139-1158.

李宏卫, 林小明, 黄建桦, 等. 华南地区重要地质遗迹调查(广东)成果报告[R]. 广东省地质调查院, 2015.

卢友月, 付建明, 程顺波, 等. 广西珊瑚钨锡矿床成矿年代学研究及其地质意义[J]. 大地构造与成矿学, 2016, 40(5):939-948.

裴秋明, 刘图强, 苑鸿庆, 等. 广西姑婆山离子吸附型稀土矿床微量元素地球化学特征[J]. 成都理工大学学报(自然科学版), 2015, 42(4):451-462.

史明魁, 熊成云, 贾德裕, 等. 湘桂粤赣地区有色金属隐伏矿床综合预测[M]. 北京:地质出版社, 1993.

水涛, 徐步台, 梁如华, 等. 绍兴-江山古陆对接带[J]. 科学通报, 1986, 31(6): 444-448.

魏昌欣, 云平, 周进波, 等. 海南省重要地质遗迹调查成果报告[R]. 海南省地质调查院, 2014.

徐德明,蔺志勇,龙文国,等.钦杭成矿带的研究历史和现状[J].华南地质与矿产,2012,28(4):277-289.

杨明桂,梅勇文,周子英,等.罗霄-武夷隆起及郴州-上饶坳成矿规律及预测[M].北京:地质出版社,1998.

杨明桂,梅勇文.钦-杭古板块结合带与成矿带的主要特征[J].华南地质与矿产, 1997, (3): 52-59.

Li ZX, Li XH, Zhou HW, et al. Grenvillian continental collision in south China: New SHRIMP U-Pb zircon results and implications for the configuration of Rodinia[J]. Geology, 2002, 30(2): 163-166.

百度百科.https://baike.baidu.com.

百度图片.https://image.baidu.com.

金属百科.http://baike.asianmetal.cn.